SCIENCE

NAVIGATOR

과학 내비게이터

Toudai Kyouju ga Katariau Juu no Miraiyosoku
Copyright © Takiguchi Yurina 2023
First published in Japan in 2023 by DAIWA SHOBO Co., Ltd.
Korean translation rights arranged with DAIWA SHOBO Co., Ltd.
Through Shinwon Agency Co., Ltd.
Korean edition copyright © 2025 by MONO HOUSE

이 책의 한국어판 저작권은 신원 에이전시를 통해 저작권자와 독점 계약한 모노하우스에 있습니다. 저작권법에 의해 한국 내에서 보호를 받는 저작물이므로 무단 전재와 무단 복제를 금합니다.

과학
내비게이터

불확실한 시대를 살아가는
지식 탐구자를 위한
석학들의 과학 대화

도쿄대학교 교수진 지음
다키구치 유리나 엮음
서지원 옮김

모노하우스

일러두기

- 100엔을 1,000원으로 환산하였습니다.
- 일부 고유명사는 외래어 표기법을 따르지 않았습니다.
- 각 의제의 정보는 대담 시점을 기준으로 작성되었습니다.

들어가며

한 번쯤 이런 생각을 한 적이 있지 않나요?

미래가 괜히 막연해서 불안감이 든다.
앞으로 아이를 어떻게 교육시켜야 할까?
신규 사업을 추진하는 부서에 있는데 무슨 일을 해야 할지 모르겠다.
예전보다 미래를 전망하기 어려워진 것 같다.

최근 들어 '지금은 VUCA 시대'라는 표현이 종종 들립니다. VUCA란 '불확실성이 높고 예측하기 어려운 상황'을 의미하는 말로 변동성(Volatility), 불확실성(Uncertainty), 복잡성(Complexity), 모호성(Ambiguity)의 영문 머리글자에서 따온 두문자어입니다.

지금이 몹시 불확실하고 전망하기 어려워진 데는 최신 과학 기술의 비약적인 진보라는 배경이 깔려 있습니다. 현대 사회는 이제 과학 기술의 최신 동향과 진보를 이해하지 않고는 미래를 전망할 수 없으며 앞으로 인류가 살아갈 방향을 설계하기도 어렵습니다.

저는 경제 저널리스트로서 사명감을 가지고 지난 10여 년간 스타트업의 기술 개발을 비롯해 전 세계 이노베이션을 취재해왔습니다. '정보를 공유해 사회 전반에 혁신을 빠르게 가져오는 것'이 중요하다고 생각하기 때문입니다.

VUCA 시대가 도래했지만 제가 느끼기에 일본은 전체적으로 변화의 동력이 약합니다. 이런 위기감 속에서 약 8년 전 어느 스타트업을 취재할 당시 이 책에 등장하는 마쓰오 유타카 교수님을 만났습니다. 마쓰오 교수님은 눈을 반짝반짝 빛내며 AI(인공지능)에 대해 기꺼이 의견을 주셨고 이 말을 덧붙였습니다. "사실 지금 소설을 쓰고 있어요. 약 10년 후 미래 이야기예요." 참고로 소설은 교수님이 취미로 쓰고 있고, 아직 발표하지는 않았다고 합니다.

저는 이후 '연구자들은 미래를 고찰하면서 꾸준히 연구하고 있구나. 여태껏 미래를 바꿀 기업을 취재해왔다면 이번에는 미래를 바꿀 대학 연구를 취재해 대중에게 전해야겠다'라는 생각이 들었습니다. 그렇게 대학 연구실에서 연구하는 최신 과학 기술과 이를 신속하게 구현하여 사회에서 활용하는 대학발 스타트업을 취재하기 시작했습니다. 취재 과정에서 만난 교수님들은 모두 연구를 통해 사회 발전에 공헌하며 보람을 느끼는 분들이었습니다. 그들의 리더십과 이를 가능케 한 비전 그리고 상상력에 크게 매료되었습니다.

연구자는 많은 사람의 호기심을 채워주는, 풍부하고 듬직한 지성의 토양이기도 합니다. 그들은 미래를 어떻게 내다보고 있을까요? 석학의 말 속에 담긴 영감과 혜안을 전하고 싶다는 커다란 포부가 결실을 맺어 이 책을 펴낼 수 있었습니다. 석학들의 대담을 다룬 이 책에 각 분야에서 최첨단 연구에 힘쓰는 분들이 참여해주었습니다.

1,000세까지 사는 인간을 만들 수 있을까?
인체에 능력을 다운로드하는 시대가 올까?
공기 중에서 전력을 받으면 스마트폰을 따로 충전하지 않아도 될까?

어떻게 한자리에 모였을까 싶은 각 분야의 석학들이 상상력을 발휘하여 지적 호기심이 향하는 대로 식견을 펼친 결과, 몇 가지 놀라운 미래 전망이 도출되었습니다.

이 책은 석학들의 즐거운 미래 전망을 곁에서 듣는 자리입니다. 다양한 이야기를 AI, 에너지, 국가, 교육, 생명, 우주, 비즈니스, IT, 환경, 가상 공간이라는 열 가지 카테고리로 정리했습니다. 다시 말해 열 가지 분야의 미래를 예측한 셈입니다.

교수님들은 전공 분야 외의 의제에 대해서도 자유롭게 이야기를 펼쳤습니다. 잡담하듯이 대화를 나누었기 때문입니다. 평소에 만날 기회가 없는 석학들의 지적 호기심이 넘치는 즐거운 대화를 옳고 그름의 기준으로 판단하지 않고 재미있게 읽어주시면 감사하겠습니다. 이로써 배움이란 이렇게 즐거운 거구나, 또 연구란 이렇게 재미있는 거구나 하는 마음이 들면 좋겠습니다.

　지식 거인들이 상상력 넘치는 대화를 이어가는, 지식의 원더랜드에 오신 것을 환영합니다.

다키구치 유리나

교수진 소개

레키모토 준이치 (도쿄대학교 대학원 정보학환 학제정보학부)

1961년 도쿄 출생. 도쿄공업대학 대학원 이공학 연구과 정보과학과 석사. 니혼전기주식회사에서 근무했으며 캐나다 앨버타대학교 컴퓨터그래픽스 연구소 연구원을 거쳐 1994년부터 소니 컴퓨터 사이언스 연구소에 근무했다. 1999년 동 연구소의 인터랙션 연구소 실장으로 취임했고 2007년에는 도쿄대학교 대학원 정보학환 학제정보학부 교수(소니 컴퓨터 사이언스 연구소 겸임)로 임용되었다. 스마트폰 등 전자기기에 전 세계적으로 쓰이는 멀티 터치 인터페이스를 개발했다.

연구 내용

인간 증강(human augmentation)을 주제로 네트워크를 뛰어넘은 인간과 AI의 상호접속 미래 버전인 '능력 인터넷'(IoA; Internet of Abilities)과 인간 - AI 융합 형태(Human-AI Integration) 구현에 힘쓰고 있다.

고다 게이스케 (도쿄대학교 대학원 이학계 연구과 화학 전공)

1974년 홋카이도 출생. 도쿄대학교 대학원 이학계 연구과 화학 전공 교수, UCLA(캘리포니아대학교 로스앤젤레스 캠퍼스) 생체공학과 비상근 교수, 중국 우한대학교 공업과학 연구원 비상근 교수. 2001년 캘리포니아대학교 버클리 캠퍼스 물리학과를 수석 졸업했고 2007년 MIT(매사추세츠공과대학교) 대학원에서 물리학 박사 학위를 취득했다. 2012년 도쿄대학교 대학원 이학계 연구과 화학 전공 교수로 취임했으며 딥테크(근본적인 기술 혁신을 중심으로 하는 기술-역주) 벤처 기업 3개사를 창업하여 이사직으로 취임했다. 일본학사원 학술장려상, 일본학술진흥회상, SPIE(국제광학포토닉스학회) 바이오포토닉스 기술 혁신가 상(Biophotonics Technology Innovator Award), 이치무라 학술상, 일본 문부과학상 표창 과학기술상, 필리프 프란츠 폰 지볼트 상(Philipp Franz von Siebold Award) 등 30개 이상의 상을 수상했다. 또한 글로벌 리더 육성 및 배출에 공헌하고 있다.

연구 내용

자신의 연구팀과 함께 프랑스 화학자 루이 파스퇴르의 명언 "준비된 자에게만 기회가 온다"를 실현할 '세렌디피티(우연한 발견)를 가능하게 하는 기술'을 연구하고 있다. 이 연구를 통해 미지의 생명 현상을 발견하고 메커니즘을 규명하여 과학, 산업, 의료 분야에 새로운 응용을 개척하는 것이 목표다.

마쓰오 유타카 (도쿄대학교 대학원 공학계 연구과 인공물공학 연구센터)

1975년 가가와현 출생. 1997년 도쿄대학교 전자정보공학과를 졸업하고 동 대학원 공학계 연구과에서 전자정보공학으로 박사 학위를 취득했다. 독립행정법인 산업기술종합연구소 연구원, 스탠포드대학교 CSLI(언어정보연구센터) 객원 연구원을 거쳐 2019년부터 도쿄대학교 대학원 공학계 연구 인공물공학 연구센터(기술경영전략학 전공) 교수로 취임했다. 2017년 일본딥러닝협회 이사장으로 취임했고 2019년에는 소프트뱅크 그룹 사외 이사로 취임했다. 2021년 새로운 자본주의 실현회 일원이 되었으며 2023년 AI전략회의 좌장에 올랐다. AI 연구의 1인자로 경제계에서도 주목받고 있다. 저서로 『인공지능과 딥러닝』 등이 있다.

연구 내용

전문 분야는 인공지능으로 그중 딥러닝과 관련하여 심층 생성 모델, 심층 강화 학습, 이미지 인식, 자연언어 처리 등을 연구한다. 특히 심층 생성 모델(더 나아가 세계적 모델 구축)은 향후 관건이 될 기술이라고 판단하여 다방면에서 연구를 진행하고 있다. 기타 웹 공학 및 소비자 인텔리전스(고객 관련 데이터를 수집하고 분석·활용하는 것-역주) 연구, 기업과의 협업 등도 실시한다.

에사키 히로시 (도쿄대학교 대학원 정보이공학계 연구과 창조정보학 전공)

1963년 후쿠오카현 출생. 1987년 규슈대학교 전자공학과에서 석사 학위를 받았다. 1998년 도쿄대학교 대형계산기센터 조교수, 2001년 도쿄대학교 정보이공학계 연구과 조교수에 임용됐고, 2005년에 같은 과 교수(창조정보학 전공)로 취임했다. 2005년부터 WIDE 프로젝트 보드 일원이 되었으며(2011년부터 대표를 맡고 있음) 일본 디지털청 초대 수석 설계자다. '왼손에 연구, 오른손에 운용'이라는 신념 아래 일본 최초의 인터넷인 와이드 인터넷(WIDE Internet)을 기반으로 연구를 수행하고 있다. 또한 건물 설비 기기의 통신 사양을 개방함으로써 설비의 친환경화와 수익성 향상을 지향하는 '도쿄대 그린ICT프로젝트'를 창설했다.

연구 내용

전문 분야는 정보통신공학이며 차세대 인터넷 규격 책정 및 네트워크 실현·응용을 연구하고 있다. 또한 센서와 모바일을 활용한 스마트 시티 실현 및 보안 등 폭넓은 분야를 연구한다. 새로운 세대의 인터넷과 관련 기반·응용 기술을 연구하고 실제로 개발 운용함으로써 실용적인 기술을 만들어내고자 한다.

구로다 다다히로 (도쿄대학교 특별교수)

1959년 미에현 출생. 도쿄대학교를 졸업하고 도시바 연구원, 게이오대학교 교수, 캘리포니아대학교 버클리 캠퍼스 교수를 역임했다. 도쿄대학교 대학원 교수를 역임했고, 게이오대학교 명예교수와 도쿄대학교 특별교수로 재직 중이다. 또한 도쿄대학교 d.lab(시스템 디자인 연구센터)의 센터장과 기술연구조합 RaaS의 이사장으로 취임했다. 미국전기전자학회와 전자정보통신학회 펠로우이며 반도체 학술회의 VLSI 심포지엄의 위원장이다. 반도체 올림픽이라고 일컬어지는 국제회의 ISSCC에서 60년간 가장 많은 논문을 발표한 연구자 10인에 선정되기도 했다. 『반도체 초진화론』 등 30여 권의 저서를 출판했고 500건 이상의 기술 논문을 발표했으며 300회 이상 강연과 100건 이상 특허 신청을 수행했다.

연구 내용

전문 분야는 반도체 집적회로다. 특히 저소비 전력회로와 3차원 집적회로 연구에서 선구적인 성과를 달성했다.

가와하라 요시히로 (도쿄대학교 대학원 공학계 연구과 전기계공학 전공)

1977년 도쿠시마현 출생. 2005년 도쿄대학교 대학원 정보이공학계 연구과에서 박사 학위를 받고 그해 동 대학원 조수로 활동했다. 조교, 강사, 준교수를 거쳐 2011~2013년 조지아공과대학교 객원 연구원 및 MIT 미디어랩 객원 교원을 역임했다. 2019년부터 도쿄대학교 대학원 공학계 연구과 교수와 동 대학교 인클루시브 공학연계연구기구(RIISE) 기구장을 맡고 있다. 또한 2022년부터 연구 개발 조직 메루카리 R4D(mercari R4D)의 소장을 겸임하고 있다. 학생 때 IT 계열 벤처 기업에 취직하여 새로운 아이디어를 사업화하는 것이 얼마나 중요하고 즐거운지 배웠다. 미래 생활 디자인을 평생 과업으로 삼으면서 논문 집필뿐만 아니라 신기술 발표에도 힘을 쏟고 있다.

연구 내용

전문 분야는 정보이공학이며 기기의 에너지 공급 문제에 두 가지 접근법으로 연구를 진행하고 있다. 첫 번째 접근법은 자연 속 에너지에서 미세한 전력을 수확하고 이를 사용해 영구 동작을 실현하는 '에너지 하베스팅'(energy harvesting)이다. 두 번째 접근법은 전자파를 사용하여 무선통신처럼 무선으로 전력을 주고받는 '무선 전력 전송'이다. 기존 정보 분야 연구를 초월하여 다면적으로 연구 개발을 진행하고 있다.

나카스카 신이치 (도쿄대학교 대학원 공학계 연구과 항공우주공학 전공)

1961년 오사카 출생. 1983년 도쿄대학교 항공학과를 졸업하고 1988년 동 대학원에서 항공학 박사 학위를 취득했다. 1988년 일본 IBM 도쿄기초연구소에 근무하며 AI와 자동화 공장을 연구했다. 1990년 도쿄대학교 항공학과 강사, 1993년 도쿄대학교 첨단과학기술 연구센터 조교수, 1998년 도쿄대학교 항공우주공학 전공 조교수를 역임했고 2004년부터 도쿄대학교 항공우주공학 전공 교수로 재직 중이다. 또한 미국 메릴랜드대학교 컴퓨터 공학과 객원 연구원, 스탠포드대학교 항공우주공학과 객원 연구원, 호주국립대학교 객원 연구원 등을 역임했다. 지적(知的) 우주 시스템 실현을 지향하며 연구실에서 학생 주도 아래 초소형 위성 프로젝트를 실시하고 있다. 그의 연구실에서 우주비행사 야마자키 나오코를 배출하기도 했다.

연구 내용

전문 분야는 우주공학이다. 미래 혁신적인 우주 시스템과 우주선 항법 유도 제어 및 자율화·지능화를 연구하고 교육한다. 특히 2003년 세계 최초로 1kg짜리 큐브샛(CubeSat)의 발사·운용에 성공한 데 이어 초소형 위성 17기의 개발·운용에 성공해 해당 분야에서 세계적으로 앞서가고 있다.

도타니 도모노리 (도쿄대학교 대학원 이학계 연구과 천문학 전공)

1971년 아이치현 출생. 1994년 도쿄대학교 물리학과를 졸업하고 동 대학원 이학계 연구과에서 물리학 박사 학위를 취득했다. 일본국립천문대 이론천문학 연구계 조수로 근무하고 프린스턴대학교에서 일본학술진흥회 해외특별연구원으로 연구를 수행했으며, 교토대학교 대학원 이학 연구과 준교수를 거쳐 2013년 도쿄대학교 교수로 취임했다.

연구 내용

전문 분야는 우주물리학과 천문학이다. 우주의 탄생과 진화, 물질 구성 등을 밝히는 우주론 연구를 비롯하여 은하 형성과 진화, 항성의 폭발 현상이 일으키는 고에너지 천체 현상도 연구한다. '이론과 관측(또는 실험)이 양 바퀴처럼 맞물려야 과학은 발전한다'는 신념 아래 연구에 매진하고 있다.

신쿠라 레이코 (도쿄대학교 정량생명과학 연구소)

1961년 교토부 출생. 1986년 교토대학교 의학과를 졸업하고 마취과 임상의로 병원 근무를 했다. 1992년 교토대학교 대학원 의학연구과 분자생물학 대학원생을 거쳐 연구원으로 활동했다. 1999~2002년에는 하버드대학교 아동병원으로 유학을 다녀왔고, 2003년 교토대학교 대학원 의학연구과에서 분자생물학 및 기부강좌 면역게놈의학 조수, 강사, 준교수로 근무했다. 이후 2010년 나가하마바이오대학 바이오사이언스학과 생체응답학 교수, 2016년 나라첨단과학기술대학원대학 바이오사이언스 연구과 응용면역학 교수, 2018년 도쿄대학교 분자세포생물학 연구소(현 정량생명과학 연구소)에서 면역·감염제어 연구 분야 교수로 취임했다.

연구 내용

전문 분야는 면역학, 분자생물학이다. 인체를 병원체와 독소로부터 보호하는 면역계는 크게 '자연면역'과 '획득면역'으로 나뉘는데 후자 중 B림프구가 생산하는 항체에 주목하여 연구하고 있다. 또한 장내 환경에 큰 역할을 하는 'IgA 항체'(면역글로불린A)를 연구하여 질병 예방 및 건강 유지에 공헌하는 것이 목표다.

도미타 다이스케 (도쿄대학교 대학원 약학계 연구과 약학 전공)

1973년 교토부 출생. 1995년 도쿄대학교 약학과를 졸업하고 1997년 도쿄대학교 대학원 약학계 연구과 임상약학교실 조수를 지냈다. 2000년 도쿄대학교에서 약학 박사 학위를 취득하고 2003년 동 대학원 약학계 연구과 임상약학교실 강사로 근무했다. 2004년 일본학술진흥회 해외특별연구원, 2006년 도쿄대학교 대학원 약학계 연구과 임상약학교실 준교수를 거쳐 2014년 동 대학원 약학계 연구과 기능병태학교실 교수로 취임했다.

연구 내용

전문 분야는 생화학, 알츠하이머. 도쿄대학교 대학원 약학계 연구과 기능병태학교실에서 알츠하이머, 자폐증, 파킨슨병과 관련해 '신경정신질환의 분자·세포병태 규명과 개입법'을 연구한다. '열린 마음과 데이터 공유'라는 신념 아래 타인의 시각에서 본 새로운 발견도 중시한다. 또한 산학 공동 연구를 적극 진행하여 연구 성과의 사회적 실현도 지향하고 있다.

기획자 및 사회자 소개

가토 신페이 (도쿄대학교 대학원 정보이공학계 연구과 컴퓨터 과학 전공)

1982년 가나가와현 출생. 2008년 게이오대학교 이공학연구과에서 개방환경과학 전공 후기 박사 학위를 취득했다. 미국 카네기멜런대학교 및 캘리포니아대학교 객원 연구원, 나고야대학교 대학원 정보과학연구과 준교수를 거쳐 도쿄대학교 대학원 정보이공학계 연구과 준교수, 나고야대학교 미래사회창조기구 객원 준교수, 주식회사 티어포(TIER IV) 이사회장 겸 최고기술책임자(CTO), 비영리단체 AWF(The Autoware Foundation) 대표이사에 취임했다. 국제적 컴퓨터 공학 연구자로 저명한 논문을 다수 발표했으며 그 성과를 응용해 자율주행 소프트웨어인 오토웨어(Autoware)를 개발했다. 또한 AWF를 통해 오토웨어를 오픈소스로 전 세계에 공개하여 주목받았다.

연구 내용

베타 운영 체제, 임베디드 실시간 시스템, 병렬분산 시스템을 연구한다. 목표는 '100밀리세컨드 소요되는 시스템 처리를 1밀리세컨드 만에 가능하게 하는 것'이다. 사회적으로 파급력이 가장 큰 것이 자율주행이라고 판단하여 자율주행 업계 성장과 사회 공헌을 위해 힘쓰고 있다.

다키구치 유리나 (경제 저널리스트)

1987년 가나가와현 출생. 도쿄대학교 문학부 사회학과를 졸업하고 현재 도쿄대학교 공공정책대학원 석사 과정에 재학 중이다. 또한 SBI신세이은행 사외 이사를 맡고 있다. 대학 재학 중 일본 연예 기획사 센트포스에 소속되어 <100분으로 명저 읽기>(NHK교육텔레비전), <뉴스 모닝 새틀라이트>(TV도쿄), <CNN새터데이나이트>, 경제 전문 채널 닛케이CNBC 등에서 사회자를 맡았다. '대체로 무거운 주제를 진행하는 사회자'로 알려지며 경제계 행사에서 진행자를 맡기도 했다. 또한 미국·유럽·일본 삼극위원회의 일본 대표를 맡았으며 2021년 도쿄대학교 공학부 자문 위원회에 취임했다. 산학 연계를 비롯한 사회적으로 개방된 대학 문화에 공헌하는 것이 목표이며 2022년에 이 책의 바탕이 된 유튜브 방송 <도쿄대 × 지식 거인들의 잡담>의 기획·제작을 맡았다.

연구 내용

경제 분야, 특히 이노베이션·스타트업·기술 개발을 중심으로 많은 경영인과 선구자를 취재했다. '정보의 힘으로 이노베이션을 가속하는 것'을 목표로 주식회사 글로브에이트를 설립하여 대표이사를 맡고 있다. 또한 기업, 학계, 사회의 커뮤니케이션 콘텐츠를 기획·제작하고 있다.

차례

들어가며   005

교수진 소개   009

기획자 및 사회자 소개   019

PART 1

미래 사회

레키모토 준이치 × 고다 게이스케 × 마쓰오 유타카

인체에 능력을 다운로드하는 시대가 온다?   031

밝은 내향형 시대의 도래   039

1,000세까지 사는 인간을 만들 수 있을까?	042
초장수는 인간에게 과연 좋을까?	044
일론 머스크는 '대단한' 인물이다?	048
구글도 호기심에서 시작되었다	051
연구자는 SF를 좋아할까?	053
브레인스토밍은 이미 낡은 개념이다?	059
병사는 많지만 사령관이 부족한 나라	062
우수한 사람들의 공통점은 이민자다?	064
해외 인재 수용을 진지하게 재고해야 할 때	069
기업이 세계에서 승기를 잡는 데 필요한 시간	071
PDCA에서 정말 중요한 것은	074
만들지도 않은 상품을 고지하는 미국의 스피드	077
노벨상의 절반은 우연한 발견 때문이다?	079
인류에 커다란 도움이 되는 수학	082
지식 거인들의 최종 목표	085
대담을 마치며	091
지식 거인들의 Q&A	092

PART 2

정보 통신

에사키 히로시 × 구로다 다다히로 × 가와하라 요시히로

6G가 주요 인프라가 되는 세상	101
7G, 더 나아가 8G의 세계로	107
공중에서 에너지를 가져오는 마법 같은 기술	111
미래에는 스마트폰을 충전할 필요가 없다?	114
자율주행 자동차로 주소의 개념이 바뀐다?	116
궁극적인 소형화가 초래하는 것	120
개개인이 전용 반도체 칩을 가지는 미래	124
전용 칩이 GAFA를 격파하는 날이 올까?	129
실제로 만들 수 있는 호이포이 캡슐	131
즐거운 마음이 최고인 이유	136
모든 것이 가능한 메타버스	139
자는 동안에도 활동할 수 있다면	143
10년 후에 살아남는 건 국가인가, GAFA인가?	145
모든 것을 GAFA에 맡겨도 괜찮을까?	151
대담을 마치며	155
지식 거인들의 Q&A	156

PART 3

우주 시대

나카스카 신이치 × 도타니 도모노리 × 에사키 히로시

민간 주도의 우주 개발 시대	164
지상과 우주를 연결하는 '우주 엘리베이터'	171
20년이 지나도 끄떡없는 소형 위성	173
소형 위성이 증가하면 무슨 일이 일어날까?	176
천문학자에게는 위성이 방해물이다?	177
우주 개발은 선착순이다?	180
우주 자원을 금보다 비싸게 팔 수 있을까?	183
스마트폰이 인공위성이 되는 시대	185
암흑물질로 풀리는 우주의 수수께끼	189
암흑물질 규명이 지닌 대단한 가치	192
우주 확장을 가속하는 암흑에너지	195
아인슈타인의 위대함과 한계	199
인간이 우주를 바라보는 특별한 이유	201
모든 분야를 아우르는 엔트로피	205
우주판 GAFA가 등장할까?	209
인공 동면을 하면 어디든 갈 수 있다	213

인간의 지능을 깊이 파고들면 보이는 것	217
우주복 없이 우주에 갈 수도 있을까?	220
지구에 접근하는 소행성을 감시하는 기관	222
소행성과 충돌하면 인류는 어떻게 될까?	226
우리에게 설렘을 주는 우주	229
대담을 마치며	232
지식 거인들의 Q&A	233

PART 4

질병과 생명

신쿠라 레이코 × 도미타 다이스케 × 고다 게이스케

뇌에 쌓인 노폐물이 치매를 유발한다	240
치매를 미리 막을 수 있을까?	242
면역학의 커다란 전환점	245
뇌와 면역의 의외로운 관계	247
우리가 잘 모르는 건강검진의 이면	250

장내 환경의 열쇠는 IgA 항체다	254
대변을 이식하면 성격이 바뀐다?	258
항체가 없는 사람도 있다	260
코로나19 백신이 신속하게 만들어진 이유	263
모유가 중요한 이유	265
유산균은 정말 효과가 있을까?	267
뇌경색을 예측하는 기술	269
자동차 운전만으로 치매를 알 수 있다?	272
기억은 아직 규명되지 않았다	276
과학적으로 다 풀리지 않은 마취의 원리	279
IgA 항체로 코로나19도 극복할 수 있다?	281
눈앞의 문제에만 투입되는 연구 예산	285
스타 연구자를 배출하려면 어떻게 해야 할까?	288
과학에 대한 신뢰가 향상되려면	291
도쿄대학교의 장점은 교양학부에 있다	294
대담을 마치며	298
마무리하며	301

레키모토 준이치 × 고다 게이스케 × 마쓰오 유타카

첫 번째 대담에서는 미래 사회를 전반적으로 논합니다. 이번 대담 참여자 중 먼저 레키모토 준이치 교수님은 '인간의 능력을 기술을 통해 확장할 수 있을까?'를 연구하고 있으며, 스마트폰의 멀티 터치 인터페이스(손으로 화면을 직접 만져 기계를 조작하는 것)를 개발한 인물입니다. 두 번째로 마쓰오 유타카 교수님은 AI의 1인자로 소프트뱅크 그룹 사외 이사를 역임하는 등 경제계에서 주목받고 있지요. 마지막으로 고다 게이스케 교수님은 물리학·화학 접근 방식으로 생물학과 의학을 연구하며 다보스 회의를 주최하는 세계경제포럼의 영 글로벌 리더에 선출된 바 있습니다. 세 석학의 공통점은 최첨단 과학 분야를 학술적으로 연구하면서 동시에 비즈니스를 비롯한 현실 세계와 과학을 연결하고 있다는 점입니다. 이 장에서는 '인체에 능력을 다운로드한다'는 놀라운 주제부터 레키모토 교수님이 제시한 '능력 확장이 초래할 미래상'까지 자극적인 의견이 오갔습니다. 또한 경제계에서 활약하는 마쓰오 교수님이 살펴본 일론 머스크의 대단한 점과 고다 교수님이 그리는 초장수 비전 등 다면적으로 미래를 전망했습니다. 과연 어떤 방향이 보였을까요?

PART 1

미래 사회

인체에 능력을
다운로드하는 시대가 온다?

다키구치   먼저 레키모토 교수님이 제시한 '인체에 능력을
다운로드하는 시대가 온다?'부터 이야기를 나눠보겠습니다.

레키모토   인간에 얼마나 필적할지 모르겠지만 가까운 미래에
그런대로 똑똑한 기계가 만들어질 겁니다. 그런데 저는
이와는 별개로 '나에게 없는 능력을 가질 수 있을까'에
관심이 아주 많아요. 실현된 것 중에 예를 들자면 '노이즈
캔슬링 이어폰'이 있죠. 현 단계에서는 원하지 않는 소리를
차단하는 기술인데 이어폰 안 컴퓨터에 구현된, 이른바
응용 소프트웨어라고 할 수 있습니다. 어쩌면 미래에는

'특정한 사람의 말소리만 듣고 싶지 않다', '야단맞을 때만 노이즈 캔슬링 하고 싶다', '야단맞을 때 상대방의 목소리 톤을 부드럽게 바꾸고 싶다'는 수요가 생길 수 있겠지요. 그러면 이런 수요에도 부응할 수 있는 소프트웨어로 진화하지 않을까 싶어요.

우리는 스마트폰을 쓸 때 전화 이외의 기능을 더 많이 사용하는데, 만약 다양한 능력이 응용 소프트웨어로 개발되면 능력에 대한 관점이 크게 달라질 것입니다. 예를 들어 뉴럴 네트워크(인간의 신경 처리 기능을 모방한 네트워크-역주)를 뇌 외부에 돌기처럼 장착하거나 아예 뇌 내부에 심는 방향도 있을 테고 몸에 딱 맞게 착용하는 인터페이스도 가능하겠지요.

다키구치 다양한 능력을 응용 소프트웨어처럼 다운로드할 수 있다면 꿈같겠네요.

레키모토 영화 〈매트릭스〉*에 가상세계에서 트리니티라는 인물이 헬리콥터를 조종할 수 있느냐는 질문을 받는 장면이 있어요. 트리니티는 '아직'이라고 대답하고선 누군가에게 전화를 걸어 헬리콥터 조종법을 요청합니다. 그리고 그 즉시 실제 자신의 뇌에 조종법을 다운로드받아 헬리콥터를

---

* 1999년 개봉된 미국 영화. '매트릭스'라는 가상세계에 사는 주인공 네오가 모피어스라는 인물과 만나 기계가 지배하는 현실 세계를 구하기 위해 악전고투하는 SF 작품. 심오한 주제와 영상으로 높은 평가를 받았다.

조종합니다. 전화를 거는 장면에서는 화자가 뇌로 들어와요. 궁극적으로는 매트릭스에 나온 것처럼 발전하지 않을까요? 응용 소프트웨어 형태로 개인이 다양한 능력을 추가하는 상황이 일상화될 수도 있겠죠. 개인적으로 청각 분야에서는 그럴 가능성이 있을 거라 생각합니다.

가토 타인의 능력을 빌릴 수 있으면 좋겠어요. 마쓰오 교수님의 뇌를 빌릴 수 있을까요?

마쓰오 그러려면 소켓이 필요해요. 어렸을 때 뇌에 소켓을 장착해야겠죠.

가토 약 10년 후면 다양한 능력을 더 개발하고 그것을 오픈소스로 자유롭게 이용할 수 있겠네요.

다키구치 한 사람의 노하우와 기술을 다른 사람이 다운로드하여 제 것으로 만들 수 있다니….

가토 모든 사람이 프로그램을 작성하게 된다면 제가 얻은 능력을 다른 사람이 설치할 수 있겠군요.

다키구치 그렇게 되면 사람들이 기술을 습득하려는 노력을 그만둘 수도 있겠네요?

마쓰오 하루아침에 능력을 설치한다기보다는 과제를 주고 학습을 반복해나가는 정도로 가능하지 않을까 싶어요. 저는 인간의 뇌에 알고리즘(계산 방법)을 학습시키기 위한 과제를 '언어 태스크'라고 정의하는데 이를 잘 활용하면 점진적으로 학습 구조를 구축할 수 있습니다. 그도 그럴 것이 인간은 어떤 의미에선 학습을 기반으로 한 튜링 머신(가상계산기)*이기 때문입니다.

레키모토 맞습니다. 헬리콥터를 곧바로 조종하게 된다기보다는 헬리콥터 조종을 원활하게 학습할 수 있는 환경이 조성된다고 해야겠지요. 안경을 쓰면 보이지 않던 것이 눈에 들어오는 AR(증강현실)처럼 지름길은 있겠지만요.

다카구치 학습 시간을 단축해준다는 의미에서 지름길이라고 말하신 건가요?

레키모토 뇌 학습을 돕거나 들리지 않던 소리가 들리는 이어폰을 만드는 기술도 있겠죠.

고다 다만 이러한 소프트웨어는 경험을 기반으로 학습하기 때문에 경험이 없으면, 즉 헬리콥터 자체를 모르면 조종하기 어려울 겁니다. 결과적으로 자신이 수용할 수 있는 능력과 그러지 못하는 능력으로 나뉘겠죠.

레키모토 그리고 저는 그러한 것들을 네트워킹할 수 있을지 궁금합니다.

다카구치 네트워킹은 어떤 의미인가요?

레키모토 우리는 인터넷과 직결되어 있지 않지만 우리가 가진

---

* Turing machine. 1936년 영국 수학자 앨런 튜링이 논문에서 발표한 계산 기계로, 훗날 컴퓨터의 원형이 되어 가장 단순한 컴퓨터라고도 일컬어진다.

디바이스(스마트폰 등)는 인터넷과 직결되어 있어요. 인터넷과 직결된 개개의 디바이스에 인간에 필적하는 지능이 생기면 네트워크 전체가 어떻게 될지 관심이 간다는 뜻입니다. 컴퓨터는 능력을 쉽게 복제할 테니 하나의 컴퓨터에서 학습한 능력이 순식간에 다른 컴퓨터로 복제될 것이고, 그러다 보면 전체적인 네트워크가 형성되겠지요. 그때 지성은 무엇으로 인식될까요?

마쓰오 역사적으로 보면 언어가 네트워킹을 이룬 측면이 있어요. 다만 언어는 전달할 수 있는 폭이 매우 좁고 속도도 느립니다. 그래서 언어를 고속 통신할 수 있는 디바이스를 몸에 이식한다고 치면 그 디바이스를 사용하기 위해 뇌세포를 늘려야 하는 어려움이 있습니다. 예를 들어 iPS 세포*에서 유래한 뉴런을 돌기처럼 만들어야 연결할 수 있겠지요.

가토 그러면 어렸을 때부터 머리에 디바이스를 넣어야 하나요?

다키구치 아이의 머리에 돌기가 보인다면 '아, 이 아이는 벌써 능력을 확장했구나' 하고 알 수 있겠네요.

고다 실제로 최근에 출생 시 게놈 편집(DNA를 변형하는 기술)을 해서 뉴런 수를 늘리는 방식으로 인간의 계산 능력을

---

* induced pluripotent stem cell의 약자로 유도만능줄기세포를 의미한다. 피부 등의 체세포에 인자를 넣어 배양하면 인간의 다양한 조직과 장기 세포로 분화할 수 있는 iPS 세포가 된다.

	향상하려는 연구도 있었어요.
다키구치	그런 연구가 벌써 이루어지고 있군요.
레키모토	예를 들어 페이스메이커(전극을 심장에 장치하여 주기적인 전기 자극으로 심장 박동을 정상으로 유지하는 장치-역주)처럼 체내에 외부 기기를 들이는 방법도 가능하겠지요.
가토	능력을 확장하는 방법으로 그 외에 또 무엇이 있을까요? 예를 들어 이어폰이나 안경 등 웨어러블 기기일까요? 아니면 아무래도 삽입형이 현실적일까요?
레키모토	제 생각에는 장치가 보이지 않도록 삽입한다면 청각 분야가 가장 현실적인 것 같아요.
가토	그것도 어렸을 때 삽입하는 게 좋겠네요.
고다	그러면 태어났을 때부터 그 기능은 그 사람의 능력이라고 봐도 무방하겠지요.
다키구치	능력을 설치하거나 확장할 수 있다면 우리의 가치관도 상당히 변화하겠네요. 예를 들어 올림픽 같은 경기대회에 참가하는 선수가 능력을 확장한 상태라면 현재의 도핑에 해당하지 않을까요? 그리고 노력에 대한 가치관도 변화할 것 같아요.
가토	노력에 대한 가치관이라는 측면에서는 '종이에 펜으로 무언가를 적어서 시험에 합격하는 능력'의 필요성이 이미 사라지고 있어요. 물론 그러한 능력이 어느 정도

	필요하겠지만 더욱 다양한 방법을 활용하여 정보를 습득하고 이로써 사고하는 능력이 더 중요해지지 않을까 싶습니다.
레키모토	현재 쓰이는 기술로 화제를 돌리자면 줌(zoom) 같은 화상 회의 플랫폼이 확산되어 온라인 회의가 증가하고 있는데요. 온라인 회의에는 플러그인만 하면 기능을 무척 간단히 추가할 수 있습니다. 예를 들어 그 자리에서 바로 영어를 일본어로 번역하여 자막을 만들 수 있어요. 온라인을 전제로 한다면 인간에게 능력을 설치한다는 건 극히 현실적인 이야기입니다. 실제로 영어 발음을 원어민처럼 수정하는 기술도 이미 벤처 기업에서 개발하고 있어요. 영어뿐만 아니라 일본어 발음도 아나운서 말투 또는 사투리로 변환할 수 있고요.
다키구치	현재 메타버스(3차원 가상 공간)*가 화두인데요, 메타버스에서는 외모를 바꿀 수 있으니 인간 능력의 확장이라고 봐도 될까요? 레키모토 교수님은 1990년대부터 AR(증강현실)**을 연구하고 계시죠?
레키모토	네. 1990년대에 초기형 헤드 마운티드 디스플레이(Head

---

* metaverse. 인터넷에 구축된 3차원 가상 공간 및 관련 서비스. 사용자는 아바타(자신의 분신)를 통해 현실 세계처럼 다른 사용자와 소통할 수 있다.
** Augmented Reality의 약자로 현실 세계에 가상 공간을 합성하여 표시하는 기술이다. 스마트폰과 AR 스마트 글라스 등의 디바이스(정보단말기)를 사용하면 현실 세계에는 없는 것이 실제처럼 보인다.

Mounted Display, 머리에 착용하는 디스플레이-역주)를 사용했는데 멀미를 심하게 하는 바람에 트라우마가 생겨서 헤드 마운티드 디스플레이 반대파가 되었지만요. (웃음)

가토 메타버스는 '현실 세계의 가상화'예요. 그렇기 때문에 메타버스는 '가상 현실을 만들어낸다'기보다는 '현실 세계를 이만큼 가상화할 수 있다'고 봐야 하는 기술입니다.

고다 능력 확장에는 일반인에게 지능을 추가하는 것뿐만 아니라 지적 장애인에게 도움이 되는 방향도 있어요. 지적 장애인이 기술 발달로 능력을 얻는다면 사회에서 더욱 활약할 수 있으니까요.

다키구치 그렇군요.

가토 장애인이 활약하는 분야 중 하나로 패럴림픽이 있지요.

다키구치 현재도 특정 종목에서는 패럴림픽 선수가 올림픽 선수의 기록을 뛰어넘는다고 합니다.

가토 기술 발달로 능력 확장이 진전되면 약 10년 후에는 누구나 일정 이상의 능력을 얻을 수 있겠네요.

밝은 내향형 시대의 도래

마쓰오 잠시 화제를 돌리자면, 저도 그렇지만 엔지니어들은 얼마 전까지만 해도 괴짜 취급을 받았어요. 그런데 다행히 요즘은 괴짜들에게 딱 맞는 세상이죠.

레키모토 이제까지 우리는 사람들을 외향형과 내향형으로 분류했고 '외향형은 밝은 사람', '내향형은 어두운 사람'이라고 인식했어요. 그런데 팬데믹 때 느꼈지만 내향형이면서 밝은 사람도 있는 것 같아요. 저도 그렇고요. 이런 사람들은 집 안에서 계속 작업해도 전혀 문제가 없어요. 타인을 만나기 어려운 팬데믹 때 괴로웠던 사람들은 '어두운 외향형'이 아니었을까요?

다키구치 레키모토 교수님은 '밝은 내향형'이군요.

레키모토 네, 이제 밝은 내향형의 시대가 온 것 같아요.

가토 그러면 메타버스에는 밝은 내향형이 많이 있을지도 모르겠네요. 집에 틀어박혀 있어도 괜찮으니까요.

마쓰오 밝은 내향형에게는 화상 회의도 즐겁고요.

고다 마크 저커버그(메타 회장 겸 CEO)도 밝은 내향형이지요.

레키모토 아바타를 사용해 유튜브에서 수업을 하는 사람들이 있는데 정말 잘 가르치더라고요. 모습을 드러낼 필요가 없는 세상이 왔구나 싶었죠. 가령 그 사람의 옷이 무척 더러우면 옷에 시선이 가서 수업 내용이 머릿속에 잘 들어오지 않을 수 있잖아요. 외견을 바꾸면 자기 능력의 강점을 더욱 부각할 수 있겠지요.

다키구치 강조하고 싶은 능력을 돋보이려고 다른 요소를 일부 없앤다는 거군요.

레키모토 나루미 다쿠지 교수(도쿄대학교 대학원 정보이공학계 연구과 준교수) 등이 아바타와 실제 모습으로 각각 수업을 진행해 비교해 보았는데요, 실험 결과 아바타가 압도적으로 좋은 평가를 받았다고 해요. 실제 모습보다 아바타가 훨씬 인기 있어 약간 기가 죽었지만요.

가토 아바타가 도입되면 한 과목에 교수를 몇십 명이나 둘 필요가 없겠네요.

고다 그러면 매우 효율적이겠죠.

레키모토 교수 몇 명을 하나의 아바타로 바꾸면 어떤 질문에도 완벽하게 대답하는 이상적인 교수가 탄생하니까요. 아바타 형태는 수업을 받는 학생이 외모 선호도로 결정하면 되고요.

마쓰오 아바타로 설정해두면 도중에 녹화 수업으로 바꾸어도 들키지 않겠네요. (웃음)

레키모토 실시간과 녹화를 절묘하게 전환하면 구분이 안 갑니다.

"오늘은 비가 오네요. 자, 그럼 수업 시작하겠습니다" 정도만 실시간으로 하고 이후에는 녹화로 전환할 수 있겠지요. 그리고 30분이 지나면 다시 실시간으로 되돌려서 "질문 있어요?"라고 하면 되고요.

가토 녹화 수업이면 학생들이 보통 재생 속도(1배속)로는 듣지 않는다면서요?

레키모토 그렇죠. 그래서 다들 대면 수업을 너무 답답해해요. 실시간 대면 수업은 배속할 수 없다는 걸 깨달았거든요. 게다가 이해가 안 가서 한 번 더 듣고 싶어도 그러지 못하고, 멈추고 싶을 때 멈추지도 못해요. '유튜브에서는 가능한데 왜 현실 수업에서는 안 되지?'라고 생각하는 게 아닐까요?

가토 학생과 교수 모두 그런 생각을 갖고 있죠. 녹화해둔 수업을 동영상으로 틀어두는 게 효율적이니까요. 그리고 질문만 실시간으로 받는 게 좋을 것 같아요.

마쓰오 프리미엄 수업만 실시간으로 하고요.

고다 실시간 수업은 상호작용이 있어서 좋아요. 질문이 없어도 학생들의 표정을 보면 수업 내용을 이해했는지, 아니면 지겨워하는지 알 수 있거든요. 학생들의 표정을 보고 교수가 수업 방식, 강조 포인트, 말하는 속도를 조정할 수 있고요. 또한 교수가 가르치는 즐거움을 느낄 수 있지 않을까 합니다.

가토　물론 그런 의미에서는 실시간 수업도 의미가 있죠. 그래서 제가 가장 어중간하다고 생각하는 방식이 실시간 화상 수업이에요. 실시간 수업인데 상호작용이 없으니 녹화로 바꿔도 되지 않나 하는 생각이 계속 들더라고요.

1,000세까지 사는 인간을 만들 수 있을까?

다키구치　다음 주제로 넘어갈게요. 고다 교수님이 '1,000세까지 사는 인간을 만들 수 있는가?'라는 주제를 가져오셨어요. 정말 1,000세까지 사는 인간이 나올 수 있을까요?

고다　기술적으로는 가능해 보입니다. 인간에게 응용 가능한지는 차치하고, 적어도 쥐와 곤충 수준에서는 수명을 몇 배 늘릴 수 있어요. 애초에 '노화'란 세포 노화입니다. 세포 노화 관련 유전자가 어디에 있는지 알아내서 그 유전자를 녹아웃(발현 억제)하거나 조작하면 됩니다.
그리고 세포는 자외선 등 다양한 외부 자극에 맞서 자신을 보호하는 기능이 있어요. 유전 정보가 파괴되었을 때 복구하는 기능도 있고요. 이런 보호·복구 기능을 촉발하면 기본적으로 노화는 막을 수 있어요. 이를 인간에 적용하면

	1,000살이나 1만 살까지 생존할 수도 있다고 생각합니다.
가토	매우 소박한 질문인데요, 그런 기술을 인체에 적용할 때 주사를 사용할까요?
고다	주사라는 게 화학 분자를 체내에 넣는 방법이니까 주사도 가능하겠죠. 주사 말고 다른 방법도 있고요.
다키구치	최근 NMN(니코틴아마이드 모노뉴클레오타이드)*이 불로의 약이라는 말이 도는데 '노화를 치료할 수 있다'는 발상에서 나온 것인가요?
고다	각국에서 이른바 '안티에이징'(항노화)에 굉장한 예산을 투입해 연구하고 있습니다. 다만 현재 안티에이징은 고령화 방지, 건강 수명 연장, 사망을 막는 기술 개발 등 다양한 안건이 함께 논의되고 있습니다. 따라서 명확히 정의해두지 않으면 기술적·윤리적으로 좋고 나쁜지 애매한 상황에서 기술만 발전되어가겠죠.
가토	아무래도 건강 수명을 늘리는 쪽이 가장 중요한 것 같아요.

---

* nicotinamide mononucleotide의 약자. 섭취하면 '장수 유전자' 또는 '항노화 유전자'라고 불리는 서투인(sirtuin) 유전자를 활성화한다고 알려진 물질이다. 체내에서 자연스럽게 생성되는데 나이가 들면 감소한다.

초장수는 인간에게
과연 좋을까?

고다   그전에 철학적인 문제가 하나 있습니다. 저는 반대파예요. 생물학적으로 인간은 그렇게 오래 살아서는 안 됩니다. 수명만 늘려봤자 소용없습니다. 인간은 다양한 바이러스에 노출되어 살아갑니다. 그래서 새로운 전염병이 발생하기도 하고 환경도 변화하죠. 변화에 적응한 다음 세대가 태어나면서 종이 존속하고요. 그런데 개개인이 1,000년이나 살아간다면 생물종으로서 원활하게 기능하지 않겠죠.

가토   1,000년이나 사는 사람이라고 하니 만화 『귀멸의 칼날』에 나오는 혈귀가 생각나네요. (웃음) 혈귀가 아니라 인간으로 살고 싶다는 내용이었죠.

마쓰오   그렇지만 유발 하라리가 쓴 『호모 데우스』에 나온 대로 그런 기술이 생긴다면 당장이라도 죽을 사람을 눈앞에 두고도 사용하지 않겠다고 결단을 내리기가 어렵습니다. 물론 거시적으로는 사용하지 않는다는 판단이 타당할 수 있지만요.

가토   그렇죠. 게다가 관련 기술이 점점 진화하고 있어서 가만히 있어도 인간은 오래 살게 될 겁니다.

마쓰오   조금 전 인류가 생물종으로서 원활하게 기능하지 않을 거라고 말하셨는데, 딥러닝 연구에 따르면 미분 가능한(연속성 있는) 것은 매우 강력하다고 합니다. 기존의 유전 알고리즘처럼 다종을 만든 후 그중 우연히 환경에 적응한 종이 다음 세대에 남을 확률을 높이는 방법은 진화 측면에서는 느리다고 할 수 있지만요.

레키모토 그럼 한 사람이 1,000년 살면서 1,000년간 연속 학습하는 편이 다위니즘(자연선택과 적자생존)*보다 진화 속도가 빠를까요?

마쓰오 다양성을 제대로 확보한다면 그게 더 진화는 빠르겠죠.

다키구치 종 차원에서도 그게 더 좋을까요?

레키모토 궁극적인 장로주의(프랑스의 종교 개혁자 칼뱅이 주장한 것으로 선출된 장로가 교회 운영을 담당하자는 내용-역주) 같아요.

가토 그렇다면 1,000년간 살 사람을 선택하게 될까요?

마쓰오 지금은 누군가를 선택하기 어려울 테니 현재 살아 있는 사람 중에서 고를 수밖에 없겠죠. 사망해서 결원이 생기면 아이를 낳아도 되는 식으로 정원제 사회가 될 가능성도 있고요.

다키구치 인구 증가를 무시하고 추진할 수도 없겠군요. 지구 환경에 대한 영향도 고려해야 하고, 논점이 다양한 기술이네요.

---

* Darwinism. 영국의 박물학자 찰스 다윈이 제창한 진화론 중 자연선택과 적자생존 개념을 말한다. 생물은 환경에 적응한 개체가 생존하며 자손을 남길 수 있다는 내용이다.

가토 100년이나 1,000년을 사는 생물이 있을까요?

고다 다윈이 갈라파고스 제도에서 가져온 거북이는 175세 정도까지 살았어요. 아프리카에는 약 300년 사는 거북이도 있다고 합니다.

가토 거북이가 몇백 년 살 수 있다는 건, 인간도 혹시….

고다 연구 차원에서는 거북이가 어떻게 노화를 늦추는지 규명하여 이를 인간에 적용하려고 해요.

가토 원리상 가능하다고 판명되었나요?

고다 가능하다고 단언해도 될지 모르겠어요. 노화는 유전자 하나만 작용하는 게 아니라 복수의 유전자가 복잡하게 상호작용하는 것이기 때문입니다. 하나의 유전자를 녹아웃해도 다른 유전자에 백업 기능이 있기도 하고요. 생명체는 잘 죽도록 설계되어 있습니다. 즉 생명체에게 죽음은 매우 중요해요. 생태계는 생명체의 죽음으로 원활하게 작동하고 있습니다. 고령화 사회도 너무 오래 생존하여 생기는 문제예요.

아까 능력 다운로드 이야기가 나왔는데, 장수는 지식이 아니라 세포를 다운로드하는 것이라고 할 수 있겠네요.

가토 그러면 무엇을 다운로드하느냐에 따라 인생이 상당히 달라지겠군요. 그런 과학 기술이 10년 후에 어느 수준까지 발전할지 궁금합니다.

고다   세계경제포럼(다보스 회의)[*]에서 각국 중요 인사가 모여 '특정 기술을 어떻게 규제하거나 지원할지' 논의합니다. 그러나 문제 의식은 공유해도 해결 방법이 도출되지 못한 채 1년이 흘러가기도 해요. 게다가 그 사이에 새로운 기술이 속속 나오기 때문에 윤리적 판단이 따라가지 못합니다.

예를 들어 2018년 중국에서 게놈 편집 아기^{**}가 탄생했다는 보고가 있었어요. 서구 측은 '윤리적인 논의를 통해 합의를 도출한 후에 연구를 진행하자'는 의견이었는데 중국 연구자는 '이런 세상이 가능하다'는 것을 먼저 보여주려고 했던 것이죠. 이렇게 하면 윤리적 판단이 더 이상 따라잡을 수 없습니다.

다키구치   고다 교수님은 중국 우한대학교에서도 교수직을 맡고 계신데 일본과 중국의 연구 진행 방식에 차이가 있을까요?

고다   민주주의와 사회주의에 따른 차이가 있어요. 민주주의 국가에서는 예산부터 결정합니다. 그리고 천천히 연구하기 때문에 결과가 나오기까지 오래 걸려요. 중국은 공산당이 결정하기 때문에 예산도 많고 결과도 비교적 빠른 속도로 나옵니다.

---

*   비영리단체 세계경제포럼이 매년 1월에 스위스 다보스에서 개최하는 연차 총회. 국가 원수, 정부 대표, 기업 수장 등 세계 100여 개국의 정치·경제 리더가 모여 세계적 문제를 논의한다.

**   2018년 11월 중국의 어느 연구자가 유전자를 조작하는 게놈 편집 기술을 인간 배아에 사용하여 쌍둥이 여아를 탄생시켰다고 발표했다. 그 후 연구자는 국내외에서 윤리적 측면으로 비판을 받았고 불법 의료 행위죄를 선고받아 복역했다.

일론 머스크는 '대단한' 인물이다?

다키구치 이번 주제는 '일론 머스크*는 대단한 인물이다'입니다. '대단하다'는 건 마쓰오 교수님이 하신 표현이에요.

가토 머스크의 한 해 납세액이 약 1조 3,000엔(약 13조 원)에 이르고 총자산이 도요타의 시가총액을 상회한다는 뉴스도 있었지요(2021년 말 기준).

다키구치 일반적으로는 머스크 하면 자산가와 테슬라**가 전면에 떠오르는데 그게 다가 아니라는 말씀인가요?

마쓰오 맞습니다. 최근 뇌 과학 분야에도 진출했으니까요.

다키구치 브레인 머신 인터페이스(BMI; Brain-Machine Interface, 뇌파 같은 뇌 활동으로 컴퓨터 등을 조작하는 것)를 개발하는 뉴럴링크*** 말씀이군요. 일론 머스크 하면 전기자동차 이미지가 강한데 뇌 과학 분야에도 손을 대고 있지요.

가토 머스크는 기술적인 부분을 어느 정도 알고 있을까요?

고다 원래 물리학을 공부했기 때문에 잘 알 것 같아요. 또

---

*   남아프리카공화국 출신의 기업가 겸 엔지니어. 스페이스X, 테슬라 등의 CEO를 맡고 있으며 2023년에는 소셜 네트워크 서비스 회사인 트위터를 인수하여 X라는 이름으로 운영하고 있다.

**   2003년에 설립된 미국의 전기자동차·태양광발전·재생에너지 기업. 2008년부터 일론 머스크가 CEO가 되었다. 100만 대 이상의 전기자동차를 판매했으며 2021년에는 개발한 인간형 로봇을 공개했다.

*** Neuralink. 2016년 일론 머스크 등이 공동 설립한 미국의 뇌 디바이스 기업. 뇌에 칩을 이식하여 뇌 신호를 컴퓨터로 전송하는 브레인 머신 인터페이스(BMI)라는 기술을 개발하고 있다.

	딥테크(최첨단 연구 성과)를 비즈니스로 능숙하게 전환한 인물이기도 하죠.
가토	머스크는 아무리 적자에 빠져도 거침없이 나아가는 게 대단한 것 같아요.
다키구치	그래서 시가총액도 거침없이 올라가고 있고요.
가토	딥테크는 그런 세계예요. 곧바로 비즈니스가 잘 풀리지는 않지만 기술 개발을 착실히 하다 보면 세상을 바꿀 만한 엄청난 일이 일어나죠. 먼 옛날 일이지만 선진적인 전자결제 시스템 페이팔(PayPal)을 만든 사람도 머스크입니다.
고다	투자자도 머스크에게 긍정적이고요.
다키구치	머스크는 투자자가 긍정적으로 사고하게 하는 힘도 가지고 있군요.
고다	실리콘밸리 특유의 사고방식 때문이 아닐까요? 일본 기업들은 즉각적인 흑자화를 요구받으니까요.
다키구치	그런데 마쓰오 교수님께서는 어떤 의미에서 일론 머스크가 '대단하다'고 말하신 건가요?
마쓰오	진부한 말이지만 비전이 대단하다는 겁니다. 20년 정도 앞을 내다보고 그걸 믿고 실행한다, 그러면 세상이 나중에 따라올 것이다, 그 과정에서 돈은 부족하겠지만 어떻게든 돌파해서 추진한다, 이런 식이죠. 머스크의 세계관이 대단해 보입니다.

다키구치 그렇군요. 레키모토 교수님께서는 어떻게 생각하시나요?

레키모토 머스크는 직구를 던지듯 일을 실행하는 것 같아요. '자동차는 배터리로 움직여야 한다. 그럼 그걸 실현해야 한다. 끝!' 이런 느낌이라고 해야 하나. 당시 배터리 기술로 가능하겠냐는 의문도 있었지만 머스크는 결국 해냈죠. 뉴럴링크에서도 '칩을 반드시 뇌에 심어야 한다'는 생각 하에 수술용 로봇부터 만들었어요. 스페이스X*도 그렇습니다. 로켓은 날아갔으면 되돌아와야 한다는 거죠. 머스크가 말하는 것들은 매우 간단해 보여도 막상 하려고 마음먹기에는 무척 힘든 일입니다. 하지만 그에게는 그걸 가능하게 하는 재력과 비전이 있어요.

과학자는 변화구를 던지고 싶어 하는 경향이 있습니다. 직구를 던지면 고생할 게 뻔하니까 커브로 가야겠다는 마음이 드는 것이죠. 하지만 머스크는 커브를 던지지 않고 스트라이크존 한복판 직구를 노립니다. 머스크의 대단한 점은 그런 데 있지 않을까요?

고다 과학자들은 변화구를 던질 수밖에 없는 이유가 있지요. 돈이 없다든가 해서요.

레키모토 우리는 다양한 방법을 고민해서 어떻게든 비용을 줄이려고

---

* 2002년에 일론 머스크가 설립한 미국 우주개발 기업. 로켓, 우주선, 인공위성 등의 발사에 성공했으며 2020년에는 민간 기업 최초로 우주비행사를 국제우주정거장에 보냈다.

하지만 머스크는 비용이 얼마나 들어도 상관없으니 한복판을 노리는 거겠죠.

구글도 호기심에서
시작되었다

가토 비전이라고 말하시니 생각났는데요. 구글은 현재 세상을 예상하고 검색 엔진을 만들었는지, 또 일론 머스크는 처음부터 그런 세계관을 가지고 있었는지 궁금합니다. 우리와 같은 인간이라는 생각이 안 들 것 같네요, 그러한 세계관을 처음부터 가지고 있었다면요. (웃음)

레키모토 처음부터 현재 상황을 예측한 것 같지는 않아요. 구글은 맨 처음에 이 페이지에서 저 페이지로는 갈 수 있는데 저 페이지에서 이 페이지로 오지 못하는 이유는 무엇일까 하는 의문에서 시작되었어요. 다시 말해 구글은 호기심을 바탕으로 시작되었고 방금 말한 의문을 검색에 활용할 수 있겠다 싶어서 검색 엔진을 만들었죠. 그러나 검색 엔진을 만든 것만으로는 돈을 못 벌어요. 실제로 이후 광고를 연결하기 전까지 구글은 수익을 전혀 내지 못했습니다.

다키구치 호기심에서 시작되었군요.

레키모토 맞습니다. 하지만 '전 세계 정보가 인덱스(검색)되어야 한다'는 비전이 정말 대단하죠.

다키구치 로봇에 대해서는 어떻게 생각하시나요? 2022년 테슬라가 인간형 로봇 옵티머스(Optimus)*를 발표했습니다. 우리는 로봇을 도라에몽처럼 귀여운 이미지로 생각하는데 머스크가 발표한 영상을 보면 옵티머스는 키가 크고 호리호리해서 제 눈엔 조금 무서워 보이더라고요.

가토 인간형 로봇인 휴머노이드는 원래 일본이 개발 선두주자였어요. 일본인은 로봇이라고 하면 인간형을 떠올리니까요. 오히려 세계적으로 '꼭 인간형일 필요는 없다. 바퀴가 다리 역할을 해도 된다'는 분위기도 있어요. 최근 들어 휴머노이드에 대한 일본 연구자의 열정이 약간 줄었지만 머스크가 휴머노이드를 만들었으니 앞으로 휴머노이드 분야도 활발해지겠지요. 일본에는 축적된 연구가 있으니 앞으로 재미있는 일들이 펼쳐지지 않을까 싶습니다.

고다 머스크가 일본 애니메이션을 좋아한다고 하니 영향을 받았을 수 있겠네요.

가토 자동차 자율주행 기술도 그렇고, 애니메이션 등 SF

---

* 테슬라가 개발한 이족보행 인간형 로봇. 2022년에 프로토타입을 발표했고, 현재 테이블 위의 물건을 잡고 들어올려 다른 곳으로 옮기는 등 단순한 작업을 할 수 있다. 잡무를 수행하는 가사도우미 역할의 로봇을 목적으로 개발되고 있다.

세계에서 이미지를 얻었을 가능성이 있지요.

연구자는 SF를 좋아할까?

다키구치   레키모토 교수님은 SF를 좋아한다고 들었는데 연구자가 된 계기도 SF 때문인가요?

레키모토   그렇습니다. 저희 세대 때는 『우주소년 아톰』*, 『사이보그 009』**가 인기였는데 저는 『우주소년 아톰』보다 『사이보그 009』를 더 좋아했어요. 데즈카 오사무와 이시노모리 쇼타로가 만든 세계는 매우 꿈같으면서도 명확하고 직선적이잖아요.

그래서 만약 머스크가 두 만화 중 하나라도 좋아했다면 거기서 영향을 받지 않았을까 싶어요. 그 애니메이션을 보면서 '미래는 당연히 저렇게 될 거고 지금은 아직 저기에 이르지 않았을 뿐이다. 그럼 무엇이 부족한지 찾아봐야겠다'고 생각했을 수도 있고요. 머스크가

---

*   데즈카 오사무의 대표작. 원자력을 에너지원으로 삼으며 인간처럼 감정을 지닌 로봇 아톰의 활약을 그린 만화다. 1963년에 애니메이션으로 제작되었다.

**   이시노모리 쇼타로의 대표작. 비행과 고속 이동 등 특수 능력을 지닌 9명의 사이보그가 활약하는 만화다. 1968년에 애니메이션으로 제작되었다.

다키구치	아니더라도 이과 계열 사람들은 SF에 적어도 한 번쯤 사로잡히는 것 같아요.

다키구치 고다 교수님도 SF 작품을 좋아하시나요?

고다 좋아하죠. 영화에서 아이디어를 꽤 빌려옵니다. 〈스타트렉〉*이나 〈스타워즈〉** 같은 작품이요. SF에서는 불가능한 일이 대수롭지 않게 일어나잖아요. 그게 좋아요. 과학자는 현실 세계의 연장선으로 생각하는 버릇이 있기 때문에 10년 또는 20년 후의 이미지를 잘 떠올리지 못해요. 그걸 SF가 보완해주죠. '아, 저런 기술이 있으면 세상이 이렇게 바뀌겠구나' 하고 딱 떠오르니까요.

다키구치 구체적으로 SF를 통해 떠올린 아이디어가 있을까요?

고다 저는 UCLA 교수도 겸임하고 있는데 로스앤젤레스는 엔터테인먼트와 영화 산업이 발달했어요. 그래서 UCLA 교수가 종종 할리우드 SF 영화의 자문을 맡기도 합니다. 영화가 확실하게 과학에 기반했는지 여러 가지로 조언해주는 거죠. 예를 들면 〈인터스텔라〉***라는 영화가 있잖아요.

다키구치 네, 제가 정말 좋아하는 영화예요.

---

*   진 로든베리가 제작한 SF 영화. 외계인과 교류하면서 우주를 탐사하는 이야기다. 1979년에 미국에서 시리즈의 첫 영화가 개봉되었다.

**   조지 루카스가 제작한 SF 영화. 은하계를 무대로 한 모험 이야기로 1977년 미국에서 시리즈의 첫 영화가 개봉되었다.

*** 2014년에 개봉된 크리스토퍼 놀런 감독의 영화. 우주비행사가 은하계를 탐사하는 이야기를 통해 인류의 미래를 탐구하는 SF 작품이다. 우주, 사랑, 시간이 주제이며 경이로운 영상미와 철학적인 스토리가 특징이다.

고다 칼텍(캘리포니아 공과대학교) 교수가 그 영화를 자문했는데 과학적으로 틀린 게 없고 논문을 두세 편 쓸 수 있을 정도로 영화에 많은 정보가 담겨 있었다고 해요. 물론 할리우드 영화에는 과학적 근거가 없는 작품도 많아요. 예를 들어 〈스타워즈〉에는 우주 공간임에도 소리가 들리거나 광선이 나오지요. 현재는 최고 수준의 과학자가 자문을 하고 있지만요.

마쓰오 저는 『삼체』*라는 소설을 읽었는데 정말 재밌더군요. 세 권이라서 한마디로 설명하기는 어려운데 뉴턴 역학에 '삼체 문제'라는 게 있어요. 세 물체 간에 만유인력이 작용하면 그 궤도는 예측 불가능해진다는 것이죠. 이 삼체 문제가 있는 세 행성의 이야기예요.

다키구치 처음부터 알아듣기 어렵네요. (웃음)

마쓰오 무슨 일이 일어나는지 설명하자면, 그곳에서는 언제 태양이 뜨고 지는지 예측할 수 없습니다. 그래서 하루가 엄청나게 긴 날도 있는가 하면 순식간에 해가 저무는 날도 있어요. 매우 긴 겨울이 도래하거나 끊임없이 작열하는 여름이 찾아오기도 하죠. 그런 세계에 문명이 있었다는 설정의 작품입니다.

---

* 류츠신 작가가 쓴 중국의 SF 소설. 문화대혁명으로 물리학자인 부친을 잃은 과학자가 어느 날 거대 군사 기지에 스카우트된 후 인류의 운명을 좌우하는 프로젝트에 참여하게 되는 이야기다.

다키구치 『삼체』는 중국의 SF 소설이지요?

마쓰오 네. 개인적으로 SF는 과학 기술에 종사하는 젊은 세대에게 자극을 줌으로써 결과적으로 국력에 가까워진다고 생각합니다. 그래서 『삼체』라는 작품이 나온 것만으로도 경이로움을 느껴요.

다키구치 중국의 저력 말씀이군요.

레키모토 일본에서는 1970년대에 고마쓰 사쿄가 쓴 『일본침몰』* 같은 SF 소설이 주목받았죠. 국력이 강성해지는 시기에 대중의 상상력도 높아지는 것 같습니다. 사실 중국에서는 현재 SF 작가가 속속 등장하고 있어요. 미국에서도 중국계 SF 작가가 네뷸러상(SF와 판타지 작품에 수여되는 유명한 상)을 수상하기도 했고요. 과학 기술뿐만 아니라 유명 작가가 탄생하는 토양도 있다는 건 대단한 힘인 것 같아요.

가토 저는 일본 SF 작품 중에 『아키라(AKIRA)』**가 떠오르는데요, 현실이 된 SF 영화가 있을까요?

레키모토 당연히 있죠. 예를 들어 덴젤 워싱턴 주연의 영화 〈데자뷰〉***가 있어요. 48시간 전 과거가 3차원으로

---

*   1973년 고마츠 사쿄가 집필한 SF 소설. 근미래의 일본이 지진과 쓰나미로 침몰하는 모습을 그리며 과학 기술과 휴머니즘을 융합한 작품이다. 지진학자의 분투와 국제적 긴장, 개인의 갈등을 통해 인간의 강인함과 위태로움을 묘사했다.

** 오토모 가쓰히로의 SF 만화. 미래 도시 네오 도쿄를 배경으로 초능력자의 폭주와 정부의 음모, 우정과 파멸을 그렸다. 정치, 사회, 인간관계에 초점을 맞추었고 황량한 세계관이 특징이다. 이후 애니메이션으로 제작되어 국제적으로 좋은 평가를 받았다.

*** 미국에서 2006년에 개봉된 토니 스콧 감독, 덴젤 워싱턴 주연의 영화. 페리 폭발로 500명 넘는 희생자가 나오고 주인공은 FBI 특별수사반에서 정부가 극비리에 개발한 감시 시스템 '타임 윈도우'의 존재를 알게 된다. 타임 윈도우로 과거 영상을 실시간으로 재생할 수 있다는 설정이다.

재구성되는데 전문가가 자문을 맡아서 그런지 포인트 클라우드(데이터 점들의 집합) 특유의 약간 혼잡한 느낌이 절묘하게 표현되었어요. 현재 자율주행이나 로봇을 포인트 클라우드로 계측하고 있는데 10여 년 전에 나온 영화 속 이야기가 현실화되고 있다고 할 수 있죠.

다키구치   레키모토 교수님은 SF 영화에서 아이디어를 얻어서 연구와 연계하신 적이 있나요?

레키모토   윌리엄 깁슨이 쓴 『뉴로맨서』*라는 SF 소설이 있는데 거기서는 감각이 '사이버스페이스'라는 가상 공간으로 몰입하는 걸 '잭인'이라고 합니다. 그래서 저희도 몰입을 잭인이라고 불러요. 그리고 영화 〈브레인스톰〉**이라고 아시나요?

다키구치   아니요, 잘 몰라요.

레키모토   브레인 머신 인터페이스(BMI)로 컴퓨터를 조종하는 게 아니라 헤드 밴드 같은 디바이스를 착용하여 자신의 체험을 기록해 타인에게 전송하는 것은 물론이고 감각 또한 전달할 수 있다는 건데요. 그게 가능하다면 커뮤니케이션의 혁명이라고 할 수 있습니다. 인간의 감각을

---

*   1984년 윌리엄 깁슨이 집필한 사이버 펑크 SF 소설. 전직 해커인 케이스가 AI와의 전투를 통해 자신의 과거를 되찾아 가는 내용이다. 가상 현실, 해킹 같은 첨단 기술을 섬세하게 묘사했다.
**   1983년 미국에서 개봉된 더글러스 트럼블 감독, 크리스토퍼 워컨 주연의 영화. 과학자들이 만든 장비로 감정과 경험을 타인에게 전달할 수 있게 되었지만 예기치 못한 사태가 발생하여 장비를 둘러싼 공포와 과거 트라우마에 직면하게 된다는 이야기다.

네트워크로 보내는 것이니까요.

다키구치 그렇군요.

레키모토 인간의 욕망은 SF 영화에서 계속 시험받고 있어요. 불로장생도 그렇고요. 그런 욕망과 기술의 접점이 SF 영화인 것 같아요.

가토 레키모토 교수님께서 말하신 이야기는 〈매트릭스〉 속 세계와 비슷할까요?

레키모토 그렇게 볼 수도 있죠. 그리고 SF는 디스토피아(반이상향) 작품이 많아서 '저런 기술이 생겼을 때 우리 사회는 과연 행복할까?'라는 질문도 떠오르고요.

다키구치 고다 교수님은 다보스 회의에서 전 세계 인사들과 만날 기회도 많을 텐데 거기서 SF 영화가 화제에 오른 적이 있나요?

고다 그럼요. 하지만 과학자들과 달리 정치인들은 SF 영화와 현실적인 과학의 차이를 잘 몰라요. 예를 들어 AI를 적대시하는 경우가 있는데요. 그렇게 묘사하는 영화가 너무 많아서 그런 것 같습니다.

가토 AI가 사람에게 반란을 일으키는 영화 말씀이군요. (웃음)

다키구치 그런 영화가 많지요.

고다 영화 〈아이, 로봇〉*에서는 로봇이 사람을 죽이기도 하니까요. 그래서 대중과 인식을 공유하는 것부터 시작해야 해요.

마쓰오 저는 AI 위협론이 나올 때 '다들 영화를 너무 많이 본 것 같은데'라고 말하기도 해요. (웃음)

다키구치 그렇군요. 영화가 그만큼 영향력이 있다면 최고 수준의 연구자가 SF 영화에 자문으로 들어가는 것도 어떤 면에서는 중요하겠네요.

브레인스토밍은 이미 낡은 개념이다?

다키구치 다음 주제로 넘어갈게요. 레키모토 교수님께서는 예전부터 '브레인스토밍보다 목적 없는 잡담에서 아이디어가 나온다'고 말하셨죠? 사실 그 말씀을 계기로 저희가 유튜브에서 이 대담 프로그램을 기획했는데, 그렇다면 잡담에는 어떤 장점이 있을까요?

레키모토 저는 '브레인스토밍 부정설'을 계속 언급해왔어요. 하지만

---

* 2004년에 개봉된 알렉스 프로야스 감독, 윌 스미스 주연의 미국 영화. 2035년 미국에서 U.S.R.이라는 기업이 신형 로봇 NS-5를 개발한다. 스푸너 형사는 래닝 박사의 죽음을 계기로 사건에 휘말리고, 로봇들의 반란이 시작된다.

아직도 많은 사람이 보드에 포스트잇을 붙이고 그걸
보면서 회의하는, 이른바 브레인스토밍을 실천하고 있어요.
저는 그 방법으로 좋은 아이디어가 나온 적이 없습니다.
갑자기 브레인스토밍을 한다고 하면, 인풋이 없는 상태에서
급하게 아이디어를 내야 하는데 그러기는 어렵죠. 오히려
브레인스토밍이 끝난 후 잡담에서 좋은 아이디어가
나올 때가 더 많아요. '주제에 맞는 유의미한 아이디어를
내겠다'고 머리를 싸맬수록 의외로 좋은 아이디어가 더 안
나옵니다.
최근에는 화상 회의로 왕성하게 소통하고 있는데 화상
회의에서는 왠지 잡담을 하기가 어려워요. 물론 의제가
있는 회의는 가능하지만 가볍게 떠들듯이 대화를 나누기는
좀 그렇죠. 가벼운 수다에 인간의 위대함이 있다고
생각합니다.

마쓰오 레키모토 교수님이 특히 그렇겠지만 머리가 너무
좋은 사람들은 대부분 알아서 생각해내기 때문에
브레인스토밍을 해도 도움이 되지 않습니다. '그건 이미
생각해본 건데' 같은 반응밖에 안 나와요.
하지만 잡담을 할 땐 주제와 관련 없는 이야기를
하는 경우도 있죠. 그러면 거기서 새로운 아이디어가
나오기도 합니다. 그래서 주제를 중심에 놓고 생각해볼

|||때 브레인스토밍은 의미가 없어요. 레키모토 교수님 두뇌 기준에서는 브레인스토밍이 의미 없다는 뜻이죠.

레키모토 기업 관계자들은 브레인스토밍을 부정하면 실망스럽다는 반응을 보여요. (웃음)

마쓰오 반대로 보면 평소 생각해 버릇하지 않는 사람에게는 브레인스토밍도 나쁘지 않습니다.

가토 그렇다면 브레인스토밍은 '한 번 정도는 해봐도 좋다'는 일종의 관문 같은 건가요?

마쓰오 조금 다른 각도의 대답이 될 수 있는데요, 세상에는 다양한 직업이 있어요. 그중에서 저희는 생각하는 일에 종사하고 있고요. 그래서 저희는 어떤 현상을 볼 때 '다른 방법은 없을까?'라는 의문을 품습니다.

그러나 실제로는 그렇게 생각하는 사람이 많지 않아요. 그래서 DX*나 AI**를 사용하고 싶다면 우선 생각하는 습관을 길러야 해요. 제 연구실에서는 가설사고*** 방법을 도입했는데 이걸 기업 연수에서 제시했더니 엄청난 호평을 받았습니다. 가설사고가 더욱 일반화되었으면 좋겠네요.

---

* Digital Transformation의 약자로 디지털 전환이라는 의미다. 주로 기업에서 데이터와 디지털 기술을 활용해 업무, 조직, 사무 과정, 기업 문화 등을 변혁하고 경쟁에서 우위를 차지하는 것을 일컫는다.

** Artificial Intelligence의 약자로 인공지능이라는 의미이며 1956년 컴퓨터 과학자이자 인지과학자인 존 매카시가 제창했다. 최근에는 대량의 데이터를 분석하여 새로운 이미지를 생성하는 '이미지 생성 AI', 문장 등을 통해 인간과 자연스럽게 소통할 수 있는 '자연어 처리 AI'인 챗GPT(ChatGPT) 등이 주목받고 있다.

*** 정보 수집 및 분석이 완전히 끝나지 않은 단계에서 이제까지 얻은 정보 중 가능성이 가장 높은 결론을 '잠정적 결론'(가설)으로 설정하고 그에 기초하여 실행 및 검증을 반복해나가는 사고법이다.

다키구치 가설사고는 '가설부터 세운다'는, 과학자로서 갖추어야 할 기본 자세이지요. 고다 교수님은 브레인스토밍과 잡담에 대해 어떻게 생각하시나요?

고다 '잡담에서 좋은 아이디어가 더 나온다'는 의견에 일부 동의합니다. 브레인스토밍은 그게 가능한 사람들끼리 하지 않으면 거의 의미가 없거든요. 저는 교육 현장에서 학생과 박사후연구원*들을 지도하는데요. 사령관을 기르는 '커맨더(commander) 교육'과 병사를 기르는 '솔저(soldier) 교육'이라는 두 가지 지도 방법을 적용합니다.

병사는 많지만
사령관이 부족한 나라

고다 커맨더는 이른바 브레인스토밍으로 현상을 고찰하고 방향성을 찾은 후에 시행착오를 거쳐 팀을 이끌어갈 수 있는 극소수의 사람을 가리키는 단어입니다. 반면 솔저는 실수 없이 명령을 수행하는 사람이고요. 사실 도쿄대학교 학생들과 박사후연구원은 대부분 솔저에 해당됩니다.

---

* 박사 학위를 취득한 후에 임기제로 대학 및 연구기관에서 연구 활동을 하는 연구원을 말한다. 대학원 졸업 후에 연구자를 지망하는 사람들이 쌓는 커리어다.

정확히 말하면 일본 교육은 대체로 솔저 교육이라고 할 수 있어요.

미국은 커맨더 교육을 실시하는 한편, 중국인과 인도인 등 이민자들을 통해 솔저를 충당하고 있습니다. 제 역할을 잘 해내는 커맨더는 좋은 아이디어를 내고 나아갈 방향도 도출합니다. 그러면 팀과 커뮤니티 전체가 좋은 방향으로 나아가겠지요. 실리콘밸리는 커맨더와 솔저를 분별적으로 잘 활용하고 있는 사례라고 생각해요.

'천재는 소수고 이를 지원하는 사람들이 대다수'인 조직이 가장 잘 작동하는 법입니다. 축구와 마찬가지로 천재 플레이어를 아무리 많이 모아도 팀 자체는 잘 굴러가지 않을 수 있거든요.

다키구치 일본에 커맨더 교육이 더 많아져야 할까요?

고다 그렇습니다. 하지만 일부 사람에게만 커맨더 교육을 해도 되느냐는 문제가 있어요. 그래서 국가 차원에서는 아무래도 인구적으로 많은 솔저 교육이 중심이 되죠.

역사적으로 유럽에서는 교육이 그런 식으로 이루어졌어요. 노예가 솔저 교육을 받았다고 할 수 있지요. 이후 솔저 교육의 대상자는 이민자에서 현재 DX와 로봇이 되었습니다. 그래서 솔저 교육 수요가 점점 감소하고 있습니다. 그 영향으로 일본 교육도 커맨더 교육으로 바뀌고

	있고요.
다키구치	그러면 DX를 추진하면서 교육도 커맨더 교육으로 전환해야 한다는 말씀이군요.
고다	맞습니다. 다만 현재는 아직 과도기예요.
레키모토	커맨더 교육은 잘 몰랐는데 흥미롭군요. '지시받은 것만 잘하는 사람'(솔저형)은 로봇으로 대체될 수 있겠네요. 앞으로는 '하고 싶은 일을 만들어낼 수 있는 사람'이 필요할 것 같아요. 그리고 하고 싶은 일을 만들어내는 것뿐만 아니라 사람들을 끌어당기는 매력을 갖추는 것도 중요해질 겁니다. 실제로 묘하게 매력적인 사람이 있지요. (웃음)
가토	정리하면 공부를 해야 한다는 거군요.
다키구치	정말 간략하게 정리하셨네요. (웃음)

우수한 사람들의
공통점은 이민자다?

다키구치	다음 주제는 고다 교수님이 제시한 '우수한 사람들의 공통점은 이민자다?'입니다. 자세히 설명해주실 수 있나요?
고다	이미 몇 번 언급된 일론 머스크부터 구글의 공동 창업자

세르게이 브린*과 아마존 창업자 제프 베이조스** 등 유명 창업자들 중엔 이민자나 이민 가정 출신자가 많아요. 그리고 2021년 미국인 노벨 수상자 5명(데이비드 줄리어스, 아뎀 파타푸티언, 데이비드 맥밀런, 조슈아 앵그리스트, 휘도 임번스) 중 미국계 가정 출신은 데이비드 줄리어스뿐이에요. 나머지 4명은 이민 가정 출신입니다.

이민자가 활약하는 이유는 새로운 환경을 접하면서 새로운 가치관과 사고방식을 만들어낼 기회가 많이 생기기 때문입니다. 이민자의 나라인 미국은 항상 이민자가 유입되기 때문에 상이한 문화와 배경을 지닌 사람들이 다양한 산업과 기초 연구에 새로운 영감을 가져다줍니다. 원래 미국에 살고 있는 사람 입장에서는 이민자가 자신의 자리를 대체할 수 있다는 위기감을 늘 느끼게 됩니다. 한편 미국에 이주하는 사람들은 '새로운 운명을 개척하자'는 인센티브가 작용해요. 이런 생태계가 원활하게 돌아가면서 노벨상 같은 결과로 이어지는 듯합니다.

다키구치 그렇군요. 항상 경쟁이 일어나는 환경이라니, 그 점에서 일본은 아직 이민자를 수용할 환경이 제대로 갖추어지지

---

* 미국의 컴퓨터 과학자이자 기업가이며 스탠포드대학교에서 만난 래리 페이지와 구글을 창업했다. 구글의 기술 분야를 담당하면서 검색 엔진을 개발한 것으로 알려졌다. 이후 AI와 우주 탐사에도 관심을 보이며 구글 X(현 알파벳)의 프로젝트 리더가 되었다. 교육, 기술 보급, 자선 활동에도 적극적으로 참여하고 있다.
** 프린스턴대학교를 졸업했으며 아마존 창업자이자 초대 CEO다. 우주 탐사기업 블루 오리진(Blue Origin)과 워싱턴 포스트의 소유주이기도 하다. 1994년 설립된 아마존은 온라인 서점으로 출발했고 지금은 세계 최대 온라인 소매 기업으로 자리 잡았다.

않아서 상황이 전혀 다르겠네요.
그런데 아까 고다 교수님께서 커맨더 교육, 솔저 교육과 관련해 '이민자는 솔저 교육을 받고 있다'고 말하셨는데 그 부분과 방금 하신 말씀 사이에 관련성이 있을까요?

고다 이민자가 된 지 얼마 안 된 사람들은 솔저 교육을 받지만 2세 이후의 이민자는 커맨더 교육을 받는 경우가 있습니다. 특히 커맨더 교육을 받고 싶어서 이민한 가정의 2세 이후 이민자는 그 국가의 교육 체계나 문화와 더욱 깊은 관계를 맺음으로써 우수한 인재로 성장합니다. 그러한 경험과 교육을 통해 노벨상 등 뛰어난 성과를 거둘 수 있는 거겠죠.

가토 그건 이민자들이 우수하기 때문일까요, 아니면 미국의 교육 환경이 우수해서 이민자들이 성공하는 것일까요?

고다 미국이 앞서가는 이유는 요즘 이민자들의 능력이 높기 때문이라고 생각해요. 현재 싱가포르, 스위스, 호주 등에서도 이민자들이 활약하고 있습니다. 상이한 문화가 섞이면 능력을 갈고닦을 수 있는 환경이 생기는 거겠지요.

가토 결국 경쟁 의식이 중요할까요?

고다 경쟁 의식과 다양성이 있어야 새로운 사고방식이 생길 기회를 크게 늘릴 수 있어요. 혁신적인 아이디어와 연구는 다양성으로 촉진되거든요. 그리고 기득권도 다양성으로 무너뜨릴 수 있죠.

가토	그렇다면 우리는 다양성과는 반대 방향에 있는 '보수 본류의 거울'(사전적 의미에서 보수 본류란 전통적 가치관을 중시하고 유지하려는 정치를 일컬으며, 제도권 정치에서는 일본 자유민주당의 요시다 시게루 전 총리 때부터 이어진 보수 파벌 노선을 의미함-역주) 같은 나라네요. 이민자들도 별로 없고요.
고다	일본인도 뿌리를 찾아가면 이민자라고 할 수 있죠. 어쨌든 모든 인류는 아프리카에서 온 이민자이니까요. (웃음)
가토	중국처럼 우수한 자국민이 돌아오도록 하는 건 어떨까요? 중국은 이민자를 수용하기보다 전 세계에 흩어져 있는 중국인 중에서 일부 우수한 인재를 다시 불러들이고 있는 것 같던데요.
고다	일본인은 아무래도 그 수가 적겠지요. 일본인 유학생 자체도 적은데다 유학하던 곳에서 돌아오는 사람도 그다지 많지 않아요. 물론 일부는 일본으로 돌아오기도 하지만, 귀국한 우수 인재를 잘 활용하지 못하고 있습니다.
다키구치	레키모토 교수님께서는 이민자 이야기에 대해 어떻게 생각하시나요?
레키모토	재능 있는 사람은 지구상에 무작위로 분포되어 있을 테니 특정 국가에 재능 있는 사람이 자연적으로 모여 있지는 않습니다. 미국 같은 나라에는 전 세계 우수한 인재를 모으는 시스템이 마련되어 있어요. 미국의 훌륭한 점이

거기에 있지요. 반면 일본은 우수한 인재를 모으는 노력도 하지 않아요. 수용 체제가 타국에 비해 그다지 정비되어 있지 않고 특히 팬데믹 때는 유학생 입국을 제한하기도 했지요.

지구 반대편에 있는 우수한 인재가 유입되는 구조를 만들지 않으면 발전 가능성이 없지 않을까 싶습니다. 그리고 이민자가 많은 미국이 더 행복한지는 별도로 논의해야 할 어려운 문제이지요. 격차가 극심해서 패배자에게는 행복한 나라가 아닐 수 있으니까요.

가토 이민자를 많이 수용하는 국가는 과학 기술과 사회 혁신 측면에서 앞서 있는 편이에요.. 다만 관점에 따라 다르겠지만 일본 상황도 나쁘지만은 않습니다. 이민자 수용은 결과에 따라 평가가 갈립니다. 예를 들어 과학 기술은 발전하지만 사회적 격차가 확대될 가능성도 있죠. 저는 컴퓨터 연구를 하고 있는데 연구 중에 하나를 개선하면 반드시 다른 무언가가 망가지곤 합니다. 그러니 이민도 좋은 면과 나쁜 면이 있지 않을까요?

고다 예를 들어 범죄율 등에 대한 논쟁도 있지요.

해외 인재 수용을
진지하게 재고해야 할 때

레키모토   하이브리드 같은 이야기이긴 한데, 앞으로 원격 근무가 얼마나 발전할지가 중요해질 겁니다. 외국 거주자를 원격 근무 형식으로 고용할 때 전자 고용이 가능할지도 초점을 모을 테고요.

가토   현재 원격 근무는 확대되고 있지만 전자 고용은 어렵죠. 보험이나 노동재해 등과 관련해 불거질 만한 고용 관계나 노동법 문제를 정비한다면 상당히 진전되리라 봅니다.

마쓰오   아무래도 체제를 더욱 정비할 필요가 있어요. 도쿄대학교만 해도 외국인 유학생이 많이 재적 중이고 박사후연구원 제도에 응시하는 사람도 있는데 아직 폐쇄적인 경향이 없지 않습니다.

외국의 우수한 연구자가 대학에 응시할 때 면접과 필기시험을 현지에서 진행하는 것과 일본에 입국하도록 요구하는 것은 커다란 차이가 있습니다. 더욱 개선이 필요하죠. 그러지 않으면 우수한 인재가 오지 않을 겁니다.

가토   대학과 공공기관은 처우 조건이 정해져 있어서 우수한 인재라고 특별히 더 우대하기는 어려워요. 기업은 처우를 자유롭게 결정할 수 있기 때문에 그런 문제는 없지만요.

마쓰오 이렇게 표현해도 될까 싶은데 일본은 손 놓고 앉아서 손해를 보고 있는 것 같습니다. 예를 들어 설명하자면 GAFA(구글, 애플, 페이스북(현 메타), 아마존) 직원을 친구로 둔 일본인이 많아져야 해요. 친구도 아니면서 가상의 GAFA 직원을 전제로 두고 인재를 논해봤자 소용없습니다.

다키구치 '친구'라는 멋진 표현을 쓰셨네요. 그런 현실적인 관계에서 혁신이 일어나는 경우도 많지요.

마쓰오 물론 해외에서 활약하는 일본인도 있어요. 그런 사람들을 일본 정부가 조금 더 응원해줘야 해요. 화과자 정도는 보내줘도 되지 않을까요? (웃음)

다키구치 구체적인 품목까지 말하셨네요. (웃음) 그런데 확실히 해외 일본인의 활약상과 그에 대한 일본 국내의 시선에는 간극이 있는 것 같아요. 고다 교수님께서는 세 대학(도쿄대학교, UCLA, 중국 우한대학교)에서 일하고 계신데 어떻게 생각하시나요?

고다 미중일 대학에서 일을 하니 인적 순환이 이루어져요. 제 연구실은 매우 작은 커뮤니티이지만 다른 대학에서 인재를 불러와 다양성을 키움으로써 새로운 가치관을 만들어내려 하고 있어요. 실제로 효과가 나는 듯합니다.

다키구치 그렇군요. 그런 모델이 향후 좀 더 확산되었으면 좋겠네요.

고다 그러니까 '올 재팬' 같은 건 하지 말아야 해요. 부족 사회도

아니니까요. 미국은 '올 아메리카'가 아니라 전 세계 인재를
미국으로 모으는 '올 월드' 태세를 취하고 있잖아요.

기업이 세계에서 승기를
잡는 데 필요한 시간

마쓰오   제가 최근 여러 분야에서 사용하고 있는 복리계산식*이
있는데요. a가 원금이고 r이 이율이고 t가 운용 기간입니다.

$$f(t) = a(1+r)^t$$
t: 시간 r: 이율 a: 원금

일반적으로 다들 r(이율)을 높이려고 해요. 이자율이 좋은
금융 상품을 사고 싶어 하고, 신제품 판매를 위해 성능을
높이려고 합니다. 하지만 r(이율)을 높이는 건 기존 방식이고
최근에는 t(운용 기간)를 높이는 게 가능해졌어요.
t는 몇 년 후를 의미하는데, t를 높이려면 예전에는
기다리는 것밖에는 방법이 없었죠. 하지만 요즘에는

---

* 발생한 이자를 원금에 추가하는 계산 방법. 원금이 1,000만 원이고 금리가 2%라면 1년 후에는 1,020만 원이 된다. 그 다음 해에는 1,020만 원에 2%의 금리가 붙어 1,040만 4,000원이 된다. 단리계산은 원금이 변하지 않고 매년 20만 원의 이자가 붙기 때문에 2년 후에는 1,040만 원이 된다.

디지털화가 진행되면서 PDCA(P: Plan 계획, D: Do 실행, C: Check 점검, A: Action 개선) 사이클이 매우 빨라지고 있어요. GAFA에 속하는 기업들은 A/B 테스트(두 가지 이상의 버전을 비교해 실험하는 방법-역주)를 몇만 번이나 시도하여 좋은 방식을 선택하고 있습니다. 이는 t(운용 기간)를 높이는 것과 실질적으로 같습니다. 전 세계적으로 이미 t(운용 기간)를 높이려는 경쟁이 시작되었어요. 그런데 아직 일본에서는 r(이율)을 높이는 데 주력하고 있지요.

가토 그렇군요.

마쓰오 t(운용 기간)를 높이려면 당연히 디지털화나 AI를 고려해야 합니다. 이때 '실패해도 되니까 우선 시험해보자', '아이디어가 많이 나와야 하니 다양성이 중요하다', '오픈 이노베이션(개방형 혁신)이 중요하다', '수평적인 조직이어야 한다'는 사고방식이 생깁니다. 즉 t(운용 기간)의 최대화를 추구한다면 조직이 자연스럽게 실리콘밸리처럼 변화합니다. 그런 의미에서 우리가 최대화해야 할 목적 함수는 애초에 다른 것이 아닐까 싶어요.

가토 기술 이야기를 파고드니까 조직 이야기로 흘러가네요. 애초에 혼자 만들 수 있는 게 아니니까요. 예를 들어 좋은 기술을 개발하려면 몇 사람이 함께 노력해야 하는데 결과가 나오기까지 100년이 걸린다면 의미 없겠지요.

그러니 결과를 빨리 내리려면 조직 내에서 어떻게 소통해야 할지 생각해야 합니다. 그러면 자연스레 조직 이야기로 이어지죠.

저도 벤처 기업에서 처음에는 기술 이야기를 했는데 회의를 거듭할수록 대체로 조직 이야기를 하게 되더군요. 좋은 결과를 내리려면 조직 체계가 중요한데, 천재를 몇 명 두는 것보다는 조직을 잘 구성해야 좋은 결과가 나옵니다. 하지만 조직 이야기에 관심 없는 사람도 많아요. 특히 기술자 중에는 그런 사람이 많아서 딜레마 같기도 해요. 굳이 조직 이야기를 꺼내고 싶지 않지만 그렇게 해야 좋은 결과를 만들 수 있는 거죠.

마쓰오 그리고 빨리 움직이는 게 중요합니다. 일본의 조직은 계층이 너무 깊어서 움직임이 더뎌요. 일론 머스크의 테슬라는 시가총액이 1조 달러(약 1천 185조 원, 2021년 10월 26일 기준-역주)를 넘었고 주요 자동차 제조업체 7개사(도요타, 폭스바겐, 메르세데스-벤츠 그룹, GM, BMW, 스텔란티스, 포드)를 합친 시가총액보다 많다고 하죠. 하지만 테슬라는 딜러(판매점)가 거의 없어요. TV광고를 하지 않고 입소문 마케팅을 합니다.

다키구치 광고비를 들이지 않는다는 게 대단하네요(대담 당시 기준).

마쓰오 테슬라는 생산 공장을 로봇 등으로 자동화하고 있어요. 사실 PDCA 사이클을 빠르게 하려면 그 방법이 최선입니다.

다른 자동차 제조업체는 성능 개선에 주력하며 r(이율)에 집중하는데 테슬라는 t(운용 기간)를 중시하는 전략을 취하고 있습니다. t(운용 기간)를 높이면 지수적으로 성장합니다. 그렇기 때문에 타사가 밀리는 것이죠.

PDCA에서 정말 중요한 것은

다키구치 PDCA라고 하니 이전에 마쓰오 교수님께서 말하신 'PDCA 사이클이 제대로 돌아가는지 확인할 사람이 필요하다'는 이야기가 떠오르네요.

마쓰오 PDCA를 돌리는 데서 얻는 지식이 누구에게 집적되느냐의 문제예요. 기존에는 지식이 부서에 쌓였어요. 예를 들어 PDCA 사이클이 1년에 한 바퀴 돌아갈 경우 10년이면 열 바퀴니까 그 부서에 10년 재직한 사람은 자기들이 그간 뭘 했는지 파악하고 있었죠. 만약 사이클이 6개월에 한 바퀴, 1개월에 한 바퀴, 1주일에 한 바퀴 돌아간다면 1년에 사이클을 매우 많이 돌릴 수 있겠지요. 하지만 담당자가 부서에서 떠나면 그때까지 쌓였던 지식이 통째로 사라집니다. 그래서 누가 PDCA를 돌리는지, 어디에 지식을 보유할지, 그걸 어떻게 유지할지가 매우 중요합니다.

다키구치 그런데 일본 기업은 왜 r(이율)을 중시하는 편인가요? 뭔가 다른 이유가 있나요?

마쓰오 예를 들어 일본 기업의 상품이 인도에서 잘 팔리지 않는 게 품질이 뛰어나기 때문이라는 이야기가 있는데요. 사실 진짜 이유는 품질이 아니라 고객에게 맞출 수 있는 속도, 요컨대 사이클이 느리기 때문입니다. 일본 기업은 이제까지 1년 단위로 상품을 만들었고 그게 어느 정도 성공적이었기에 아직도 그 방식을 고집하고 있어요.

그리고 근본적인 문제를 바라보지 않고 '실리콘밸리 같은 분위기를 만들자', '오픈 이노베이션이 중요하다'는 식으로 형식만 추구하고 있죠. 본질인 t(운용 기간)를 중시하여 개선해나간다면 결과가 나올 테고, t(운용 기간)를 높일 수 있는 우리만의 방법이 보일 거라고 생각해요.

고다 일본 정부가 실리콘밸리를 따라 하려는 건 조금 아닌 것 같아요. 애초에 실리콘밸리에 왜 IT 기업이 집중되어 이노베이션이 일어났는가 하면 워싱턴 D. C.에서 멀리 떨어져 있기 때문이에요.

레키모토 그런 관점에서 보면 도쿄대학교는 정부 기관이 모인 도쿄에 있는데, 세계적으로 정부 근처에 있는 대학이 그 국가의 최고 대학인 경우는 드뭅니다. 예를 들어 미국 수도인 워싱턴 D. C.에 있는 대학은 일반적인 대학과 유형이 조금 다릅니다. 스탠포드대학교는 수도와 상당히 떨어진 캘리포니아주에 있고 하버드대학교와 영국의 케임브리지대학교도 시골 같은 곳에 있어요. 혁신을 일으키는 사람들은 정부 인사들과 기본적으로 감각이 달라서 '정부와 상관없이 마음 가는 대로 하겠다'는 생각이 깔려 있지요.

그런데 마쓰오 교수님께 여쭙고 싶은데 r(이율)은 선택과 집중(특정 사업 분야에 자원을 집중)과 관련 있을까요? 일론 머스크가 하는 일들은 전부 사이클이 빠른데, 달리 말하면 '궁극적인 선택과 집중'을 하는 것처럼 보이거든요.

마쓰오 그렇지요. 사이클이 빠르다는 건 '수요 탐색', '상품 개선', '고객에 대한 최적화' 등이 동시에 일어나고 있다는 뜻이에요. 그 결과 선택과 집중이 가능하지 않았나 싶네요.

레키모토 아마 처음에는 조사부터 하고 실행에 옮기겠죠. 그렇기 때문에 선택의 여지가 있어요. 그런데 현재 일본은 갑자기 '이것부터 해야 해', '미국이 이걸 하고 있으니 우리도 하자'는 식으로 일을 진행합니다.

만들지도 않은 상품을
고지하는 미국의 스피드

마쓰오   조금 전 빠른 속도에 대해 말하셨는데 예를 들어 인터넷에서는 이런 상품이 팔릴까 싶으면 랜딩 페이지(상품 소개 페이지)에 '신상품 발매!'라고 써놓은 다음 주문을 받고 나서 생각한다고 해요. 이런 방식이 이미 존재한다는 거죠.

레키모토   미국 스타트업의 얼리 스테이지(창업 후 투자가 필요한 초기 단계)를 보면 적자임에도 일을 거침없이 추진한다는 인상이 있어요. 미국 대학의 연구도 비슷한 느낌인데, 처음부터 자금 회수에 집착하지 않습니다.

마쓰오   그런 방법론이 이미 존재해서 그런지 '확실하게 탐색했다면 괜찮다'라고 생각하는 벤처 캐피털(장래성은 있으나 자본과 경영 기반이 약한 기업에 무담보 주식 투자 형태로 투자하는 기업-역주)과 투자자들도 있죠.

다키구치   벤처 캐피털에 그런 생태계가 갖추어져 있으니 시간을 두고 탐색해볼 수 있는 거겠죠. 그래서인지 마음 편히 사업을 추진하고 있다는 느낌이 들어요.

마쓰오   그렇죠. 처음에 탐색을 하면서 서서히 PMF(제품 시장 적합성: 고객이 만족하는 상품을 고객이 적절하게 존재하는 시장에서 제공하는 것)가 충족되면 광고에 투자하여 수익화를 도모하는 방정식이에요.

다키구치 일본에서는 그 방정식이 잘 공유되지 않는 면이 있어요.

가토 일본은 보수적인 경향이 있으니까요. 우선 안전하고 품질이 좋아야 한다는 사고가 뿌리 깊어서 느린 사이클이 형성돼요. 아까 마쓰오 교수님 이야기에서 나왔듯이 랜딩 페이지에서 뭔가를 판다는 건 이른바 '약속'을 판매한다는 건데, 정확히 말하면 실제로는 아직 만들지도 않은 상품을 판매하는 거예요. 그런데 우리는 기질적으로 '만들지도 않은 상품은 품질이 보증되지 않았다'라고 생각합니다.

고다 어쩔 수 없겠지만 고령화 영향도 있을 겁니다. 노인들은 살 날이 얼마 남지 않았다는 생각에 20년 이상 사용하면서 감가상각이 되는, 즉 꽤 오래 사용할 상품을 잘 구입하지 않아요.

마쓰오 하지만 1,000세까지 살게 된다면(42쪽 참고) 이야기가 달라지겠네요.

레키모토 궁극적인 초고령 사회가 되기는 하겠지만 어쨌든 투자에 대한 생각은 달라지겠죠. (웃음) 1,000년 살 수 있다면 100년 이상 계속 투자할 수 있으니 지금보다 더 장기적인 관점이 필요할 겁니다.

마쓰오 그러면 조금 더 젊은 세대에게 이목이 집중되지 않을까 싶네요.

다키구치   1,000년이나 살 수 있다면 기초과학 연구에도 더욱 투자해야 하고요.

레키모토   그러면 첫 200년 정도는 적자가 나도 괜찮겠네요. (웃음)

노벨상의 절반은
우연한 발견 때문이다?

다키구치   그럼 다음으로 넘어가겠습니다. 고다 교수님의 의제인 '노벨상의 절반은 세렌디피티(우연한 발견)에 따른 것이다'입니다.

고다   그렇습니다. 예를 들어 페니실린*이나 X선** 등 노벨상 수상의 절반 이상이 우연 때문에 이루어졌는데요. 전혀 의도하지 않은 데서 우연히 무언가를 발견하고 그게 커다란 반향을 일으키면서 나중에 가치를 인정받는 거죠. 이때 우연한 발견이 중요한데, 사실 계획을 따르는 연구 개발에서는 우연히 발견하는 게 어려워요. 우연이라는 건 요컨대 탈선이나 오류거든요.

---

*   1928년 영국의 세균학자 알렉산더 플레밍이 발견한 세계 최초의 항생물질이다. 폐렴과 파상풍 같은 감염증을 치료하는 약으로, 빵 등에서 발생하는 푸른곰팡이로 만든다. 1945년 플레밍은 이 성과로 노벨생리학·의학상을 수상했다.

**   1895년 독일 물리학자 빌헬름 뢴트겐이 발견한 전자파의 일종으로 발견자의 이름을 빌려 '뢴트겐'이라고도 부른다. X선은 밀도가 높은 뼈 같은 물질은 투과하지 않고 밀도가 낮은 피부는 투과하는 성질이 있다. 뢴트겐은 이 성과로 1901년 제1회 노벨 생리학상을 수상했다.

그런데 다양성이 있으면 우연히 발견하기가 쉽습니다. 같은 방향을 보는 사람들뿐 아니라 다양한 배경과 경험을 지닌 사람들의 관점에서 보면 새로운 발견이 생기죠. 다시 말해 다양성이 세렌디피티를 지탱하고, 그것이 노벨상을 탈 만한 연구나 개발로 이어집니다.

레키모토 그러고 보니 노벨상 수상자들은 대부분 '행운이었다'는 식으로 말하죠. 그리고 2번 수상하는 사람은 극히 드물어요. 노벨상을 1번 탈 정도로 우수한 인재라면 2번 수상해도 이상할 것 없는데 실제로는 그렇지 않죠. 즉 행운도 필요한 것 같아요.

가토 방사능 연구로 유명한 마리 퀴리*는 2번 수상했죠.

고다 하지만 동일 분야에서 2번 수상한 사람이 거의 없어요
(프레더릭 생어, 배리 샤플리스가 노벨 화학상을 2번 수상하고, 존 바딘이 노벨 물리학상을 2번 수상함).

다키구치 고다 교수님께서는 세렌디피티를 쉽게 일으키는 방법을 연구하고 계시죠?

고다 네. 세렌디피티란 사막에서 다이아 한 알을 찾듯 불가능에 가까운 우연이자 행운이 있는 발견이라는 의미입니다. 만약 이를 실현할 기술이 있다면 세렌디피티를 계획적으로

---

* 폴란드 출신 물리학자이자 과학자(1867~1934). 방사능 연구의 선구자로 라듐과 폴로늄이라는 새로운 방사성 원소를 발견했다. 1903년에 여성 최초로 노벨 물리학상을 수상했고 1911년에 노벨 화학상을 수상했다.

창출할 수 있다는 결론이 나올 겁니다. 저희는 기본적으로 가설 기반이 아닌 데이터 기반으로 연구를 진행하고 있어요. 다시 말해 데이터를 되도록 빨리 많이 모은 다음 그 데이터로 온갖 패턴을 발견하려 합니다.

다키구치 처음부터 한 가설에 기초하여 연구하는 게 아니라 데이터를 모으고 나서 이를 통해 가설을 도출한 다음 진행한다는 말씀이군요.

고다 네, 대부분의 연구는 가설 기반이에요. 과학은 기본적으로 어떤 현상을 관찰하고 거기서 법칙을 발견하여 가설을 세우고 이를 실험으로 검증하는 것입니다. 하지만 가설을 이끌어낼 만한 현상은 이제 바닥 났어요. 100년 전부터 많은 사람이 연구해왔으니까요. 사람의 감각으로 연구하는 건 이제 힘들지 않나 싶습니다.

레키모토 '앞으로 노벨상급 발견은 AI가 할 것'이라는 이야기도 있죠. 실제로 아까 언급된 t(운용 기간)를 궁극적으로 추구할 경우에 인간이 주체가 되면 속도가 너무 느려요. 하지만 AI라면 데이터 분석과 가설 설정을 병행할 수 있어요. 아마 앞으로는 가설 AI와 인간이 협력하는 형태로 연구가 이루어지지 않을까 싶습니다.

가토 만약 로봇이 노벨상을 수상할 만한 발견을 한다면 로봇에게 상이 수여될까요, 아니면 로봇을 개발한 인간에게 수여될까요?

고다 아무래도 후자가 아닐까요?

레키모토 그렇죠. 하지만 인간의 편향을 배제한, 순수한 계산을 통해 새로운 발견이 도출될 수도 있어요. 예를 들어 장기 AI 개발에서도 예전에는 휴리스틱(경험칙)이 중시되었는데 결국에는 그걸 버린, 즉 순수한 계산을 통한 접근 방식이 좋은 결과를 냈다고 합니다. 아무리 뛰어난 사람의 휴리스틱이라도 배제하고 순수한 계산에 의존해야 새로운 발견이 탄생할 가능성이 있다는 거죠. 장기 AI인 알파제로(딥 마인드사가 개발한 컴퓨터 프로그램) 등도 인간의 휴리스틱을 일절 사용하지 않았어요.

인류에 커다란
도움이 되는 수학

마쓰오 계산 이야기가 나와서 말인데 수학은 참 이상해요. 한없이 강력하다고 해야 하나. 인간은 역사적으로 다양한 것을 창조해왔는데 그중에서 수학은 인간에게 매우 유익하잖아요. 그 이유를 고다 교수님께 여쭙고 싶네요. 왜 그럴까요?

고다   만국에서 통하는 공통 언어이기 때문이라고 생각해요. 수식으로 만들면 단번에 알 수 있거든요. 효율적으로 해석할 수 있으니 설명하는 시간을 단축할 수 있고요. 또한 수학은 편향 없이 이해할 수 있어서 객관적인 관점을 지닐 수 있습니다.

마쓰오   맞는 말씀입니다만, 어째서 우리는 세상의 현상을 이렇게까지 수학으로 기술할 수 있을까요?

레키모토   사람에게는 수학으로 기술할 수 있는 범위만 지(知)로 보이기 때문일 수 있어요. 수학 외측에 더욱 넓은 세계가 펼쳐져 있을지도 모르죠.

고다   과학적 방법은 고대 그리스 철학자 아리스토텔레스가 만들었는데요, 사실 갈릴레오 시대 전까지 실험 결과를 수식으로 표현하는 방법은 거의 사용되지 않았어요. 그런데 갈릴레오가 수식을 사용해 실험 데이터를 해석하고 그 결과를 공유함으로써 과학적 방법의 중요성이 실증되었지요. 그 후 수식을 사용하여 현상과 실험 결과를 해석하는 방법이 폭발적으로 확산되었습니다.

다키구치   갈릴레오 전까지는 실험 결과를 수식으로 기술하는 게 거의 이루어지지 않았나요?

고다   수치화되지 못한, 정성(定性)적인 표현에 가까웠죠.

레키모토   말의 기원은 몸단장이나 노래라는 설이 있어요. 원래는 주로 사회적인 관계를 유지하려고 말을 내뱉었지, 그 안에 담긴 논리는 필요하지 않았겠지요. 하지만 그 논리를 수식으로 이끌어내면 매우 유익하다는 걸 알게 되면서 폭발적으로 확산되었습니다.

다키구치 재밌는 이야기네요.

레키모토 그런데 미래에 뉴럴 네트워크끼리 통신한다면 수식으로 소통하지는 않을 것 같습니다. 미지의 데이터를 교환하여 성장하기 시작한다면 그게 바로 싱귤래리티(인공지능이 인간의 지능을 넘어서는 기점-역주)가 될 겁니다.

마쓰오 그럴 수 있죠. 우주의 원리도 레키모토 교수님의 말씀과 관련 있을 수 있고요.

다키구치 수학이라는 틀에 국한되지 않을 가능성이 있다는 거네요.

마쓰오 맥스 테그마크(물리학자이자 MIT 교수)라는 사람이 최근에 '우주는 수식이다'라고 주장했어요. 수식의 수만큼 우주가 존재한다는, 정말 기묘한 사고입니다.

레키모토 인간이 쓰거나 말하는 '언어 정보'는 한정적이라서 우리는 그걸 어떻게 압축할지 고안해왔어요. 처음에는 언어가, 그다음으로는 수식이 중요한 역할을 했습니다. 그런데 컴퓨터는 네트워크를 경유하여 통신하기 때문에 정보 압축이 꼭 필요하지 않습니다. 만약 컴퓨터의 지성이 인간과 동등해진다면 컴퓨터의 통신 프로토콜은 우리와

	다를 수 있어요. 초지성의 존재는 신비롭고 생소합니다. 우리가 모르는 언어로 대화하기 시작할지도 모르죠.
고다	만약 우주의 지적 생명체가 과학을 한다 해도 수학이 가장 뛰어난 방법일지는 의문스러워요.
다키구치	그렇겠네요. 하지만 우리가 사는 세상에서는 수학이라는 존재가 굉장히 권위적인 지위를 차지하고 있어요.
레키모토	이 문제는 앞으로 무엇을 공부해야 하는지와도 연결돼요. 기계 번역이 있으니까 영어는 공부하지 않아도 된다는 이야기가 있는데 국어와 수학은 배우는 게 좋습니다. 앞으로 100년간은 변하지 않을 테니까요.
다키구치	국어와 수학은 궁극적으로 모두 언어라는 점에서 중요하죠.
가토	이노베이션에는 수학 공부가 필요하고, 수학을 공부하려면 언어 이해가 필요하니까요.

지식 거인들의
최종 목표

다키구치	이야기가 깊어졌네요. 이제 마지막 주제입니다. 여러분의 최종 목표는 무엇인가요? 가토 교수님부터 말씀해주세요.
가토	레키모토 교수님과 고다 교수님의 연구 내용은 최적화

관점에서 형성되지 않았을까 싶은데요. 그런데 저는 최종 완성품을 만드는 것보다 타인이 어떤 길을 걸으려 할 때 그 사람에게 무기를 쥐어주고 가능성을 넓혀주는 일에 관심이 있어요. 컴퓨터 세계로 말하자면 OS입니다. OS 자체에 가치는 없어요. 즉 워드나 엑셀을 사용하든 인터넷 서핑을 하든 이용할 수 있어야 엔드 유저(최종 사용자)에게 최종 가치가 생깁니다.

저는 무언가를 달성하고 싶다는 구체적인 목표는 없지만 기본적으로 기대에 부응하고 싶다는 마음은 있어요. 연구 주제도 컴퓨터 공학이나 OS와 관련되고, 벤처 기업에서 자율주행 등에도 힘을 쏟고 있는데요. 저는 자동차 자체가 아니라 플랫폼을 만들고 싶어요. 플랫폼이 널리 보급되면 다양한 분야에 영향을 줄 수 있거든요. 그래서인지 저의 연구 주제는 여러분의 연구 주제와 밀접한 것 같습니다.

마쓰오 외향인의 발상이네요. (웃음) 내가 사회에 어떠한 보탬이 되고 싶다기보다는 다른 사람들이 사회에 보탬이 되도록 하겠다는 생각이니까요.

가토 그렇죠. 하지만 그게 비즈니스 시장에서도 매우 중요한 것 같아요. 이 부분에 대해 내향인인 마쓰오 교수님께서는 어떻게 생각하시나요? (웃음)

마쓰오 저는 멋지게 말하자면 '우리는 어디에서 와서 어디로

가는가'를 알고 싶어요. 그러한 인식을 갖고 있는 저라는 존재가 애초에 무엇이냐는 의문도 있죠. 이를 검증하고 싶은 마음도 있습니다.

다키구치 굉장히 철학적이네요. "나는 생각한다, 고로 존재한다" 같은 말씀인가요?

마쓰오 그렇죠. 자아를 갖는다는 건 일종의 알고리즘이지 않을까 싶어요. 예전부터 느꼈는데 저는 일생 동안 NHK 방송 스페셜 같은 다큐멘터리 영상에서 1시간 정도로 간결하게 정리될 만한 일을 하고 싶어요. 제 연구 내용이 알기 쉬운 하나의 영상으로 정리되면 감동적일 것 같아요. 저는 그 1시간을 만들어내기 위해 움직이고 있다는 생각이 듭니다.

가토 마쓰오 교수님께서는 투자도 하고 계시죠?

마쓰오 네. 저는 시스템을 구축하는 방법론 차원에서 투자를 하고 있어요. 학술 연구가 다가 아니라는 걸 예전부터 깨달았거든요. 생태계를 만들어야 이길 수 있어요.

가토 지적 호기심을 충족하려는 목적으로도 투자를 하시는군요.

다키구치 고다 교수님의 목표는 무엇인가요?

고다 '현대에 속하지 않은 시대'입니다. 제가 적극적으로 관심을 갖고 있는 건 우주예요. 구체적으로는 지구 외 생명체의 존재입니다. 우리 은하(현재 인류가 살고 있는 태양계를 포함하고 있는 은하계-역주)에는 약 1,000억 개의 항성이 있고 그중 약

3분의 1은 행성을 가지고 있다고 합니다. 즉 통계적으로는 우리 은하 전체만 해도 지구 이외의 곳에 생명체가 존재할 가능성이 높다고 할 수 있어요. 아마 지구 생명체와 완전히 이질적이진 않을 겁니다. 지구 외 생명체를 만날 수 있다면 새로운 세상이 탄생하고 우리의 시야도 단번에 넓어지겠지요.

사실 우리가 생각하는 것 이상으로 우주에는 생명체 네트워크가 존재할 가능성이 있습니다. 예를 들어 태양계에 있는 목성의 위성인 유로파는 매우 흥미로운 곳이에요. 유로파는 두꺼운 얼음층으로 뒤덮여 있는데 지각에서 화산 활동이 일어납니다. 또한 지하에는 따뜻한 바다가 존재한다고 합니다. 이는 초기 지구와 유사한데요. 만약 몇 킬로미터 깊이의 얼음을 팔 수 있다면 지구 초기 상태와 매우 유사한 환경에 도달할 겁니다. 그런 환경에서는 모종의 생물이 존재할 가능성이 있죠. 지구 해저에도 화산 활동이 일어나는데 그 주위에 새우와 게 등의 생물이 존재합니다. 그러므로 유로파에도 비슷한 생명체가 존재할 가능성은 충분히 있어요. 농담이지만 유로파에서 초밥도 먹을 수 있지 않을까요? (웃음) 어쨌든 지구 외 생명체가 발견되면 우리의 꿈이 더욱 넓어지지 않을까 싶습니다.

다키구치 지구 외 생명체가 발견되면 인간에 대해서도 더 잘 이해할 수 있겠군요.

가토 그렇죠. 다만 태양계에 생물이 존재하지 않을 수도 있습니다. 그래서 태양계 외부의 정보를 알아내야 해요. 현재 빛보다 빠른 이동 수단은 존재하지 않는다고 하는데 만약 1,000년이나 살게 된다면 뭔가 발견할지도 모르겠네요.

고다 가장 가까운, 또 다른 태양계가 약 3.5광년 떨어져 있다면 광속으로 왕복 약 7광년이 걸립니다.

레키모토 이미 지구 외 생명체가 이곳을 향해 오고 있을 가능성도 있어요.

다키구치 레키모토 교수님도 한마디 해주세요. 마쓰오 교수님이 레키모토 교수님의 최종 목표를 꼭 듣고 싶다고 하셨거든요.

레키모토 인간과 AI가 조합되면 무슨 일이 가능할지에 관심이 있어요. 능력을 다운로드하는 것, 즉 생물학적 접근으로 신체에 기기를 삽입할지, UI(사용자 인터페이스)로 할지 방법은 여러 가지겠지만 인간의 능력이 확장될 수 있다는 게 무척 흥미로워요. 자신을 해킹할 수 있다니, 매력적이죠. 저는 인터페이스에 대해 연구하고 있는데 최종적으로는 인간을 확장하고 싶어요. 특히 최근에는 물리적 접근에 관심이 갑니다.

다키구치 자아를 포함해서 말인가요?

레키모토 인간의 능력을 확장하는 방법 중 하나로 '사이보그로 살아가기'가 있어요. 수술 등으로 인간의 능력을 확장한다는 아이디어인데요. 예를 들어 댄스 퍼포먼스 센서를 몸에 삽입하여 신체 움직임을 느끼거나, 음성 처리 장치를 장착하여 다양한 소리를 즐기는 겁니다. 이런 식으로 능력을 확장하면서 즐겁게 생활하는 거죠.

가토 이 대화를 10년 후에 다시 읽어보면 재밌을 것 같아요. 그땐 어떻게 되어 있을지 궁금하네요.

마쓰오 제 연구 방향성은 데이터를 활용하여 다른 세대의 연구자들과 다른 접근 방식으로 연구를 진행하는 고다 교수님의 방법과 유사한 것 같습니다.

고다 저는 파블로 피카소의 명언 "창조의 모든 행위는 파괴에서 비롯된다"를 좋아해요. 그래서 저는 천재보다 파괴자가 되고 싶어요.

다키구치 그럼 이 대담은 천재가 아니라 파괴자들의 잡담이겠네요.

레키모토 잡담이라고 하기엔 수준이 높아서 집에 가서 각 주제를 곱씹어봐야 할 정도네요. 이런 형태로 교수님들과 평소에 대화할 기회가 별로 없는데, 제 연구에 영향을 줄 것 같습니다. 어떤 방향으로 갈지 전혀 예상이 안 됐고 정말 자극적이었습니다. (웃음)

대담을 마치며

첫 대담은 불안과 기대감 속에서 시작되었습니다. 사전에 다 함께 모여 미팅을 하지 않았고 교수님들과 한 분씩 만나 의제를 추렸습니다. 뻔한 방향으로 대담이 전개되지 않고, 신선한 이야기가 나올 수 있게끔 세심한 주의를 기울였습니다. "이야기가 어느 방향으로 갈지 예상이 안 되고 자극적이었으며, 향후 내 연구에 영향을 줄 것 같다"는 레키모토 교수님의 말씀이 이번 기획의 의도를 관통하여 무척 기분이 좋았습니다.

비화를 조금 적자면 이번 대담에서 교수님들이 예상보다 SF에 대해 열변을 토하셨는데 석학들이 모두 SF를 좋아한다는 점이 흥미로웠습니다. 마쓰오 교수님은 "SF는 국력에 가깝다"고 말하기도 했죠. SF는 상상력이 응축된 것입니다. 상상력이 국가 발전을 이끌 테지요. 의사결정자의 비전과 기술에 대한 관점이 SF와 엔터테인먼트 작품의 영향을 받는다면 엔터테인먼트가 국가 전체에 미치는 영향은 중요해질 것입니다. 정량화되지는 못하겠지만요.

제 모교인 요코하마 후타바 초등학교는 도서관으로 유명합니다. 사서 선생님께서는 "가장 소중한 건 상상력이니 이야기를 많이 읽으렴" 하고 여러 번 말하셨죠. 일론 머스크는 『반지의 제왕』을 좋아한다고 합니다. 독자 여러분도 기회가 된다면 교수님들이 소개한 SF 작품을 한번 보면 어떨까요? 참고로 제가 좋아하는 SF는 호시 신이치의 '쇼트-쇼트 시리즈'입니다.

다키구치 유리나

지식 거인들의 Q&A

Q 좋아하는 SF 작품은 무엇인가요?

레키모토 시오도어 스터전의 『인간을 넘어서』입니다. 인류의 미래 형태로 '집합인'(호모 게슈탈트)을 제시하는 작품이에요. 스타니스와프 렘의 『솔라리스』도 좋아합니다. 이 작품은 '지성은 인간의 형태를 띠는가?'라는 물음을 제기해요. 같은 작가의 『우주 순양함 무적호』도 추천합니다.
영화 〈금지된 행성〉(미국에서 1956년 개봉, 프레드 M. 윌콕스 감독)도 좋아합니다. 옛날 영화이지만 선구적인 주제 의식으로 궁극적인 브레인 머신 인터페이스 사회가 어떻게 되는지를 보여주죠.

영화 〈2001 스페이스 오디세이〉(미국에서 1968년 개봉, 스탠리 큐브릭 감독)도 있습니다. 스마트폰이 등장했을 때 "그 대단한 클라크와 큐브릭도 스마트폰 출현은 예상하지 못했다"는 말이 나왔는데 이 작품을 보면 얼마나 얕은 시각이었는지 알 수 있습니다. 챗GPT와 음성 대화를 할 수 있는 지금(2023년) 봐도 이 영화가 얼마나 선구적이었는지 새삼 감명을 받습니다.

고다 주로 영화와 TV 드라마로 나온 SF를 좋아합니다. 〈스타워즈〉, 〈스타트렉〉, 〈콘택트〉, 〈E.T.〉, 〈백 투 더 퓨처〉, 〈가타카〉, 〈미지와의 조우〉 등이 있죠.

에사키 영화 〈매트릭스〉를 좋아합니다.

구로다 TV 드라마 〈타임 터널(The Time Tunnel)〉(1966~1967년 방송), 〈로스트 인 스페이스〉(1965~1968년), 〈스타트렉: 오리지널 시리즈〉(1966~1969년)를 좋아합니다.

가와하라 만화 『닥터 스톤』을 아이와 함께 읽었는데요. 과학 지식을 결합시켜 리더가 비전을 제시하고 팀워크를 통해 고난을 극복하는 모습이 멋있었습니다.

나카스카 아서 C. 클라크의 작품으로는 『유년기의 끝』, 『Rescue party』(국내 미출간), 『낙원의 샘』, 『라마와의 랑데부』, 『A Fall of Moondust』(국내 미출간)를 좋아합니다. 또한 J. P. 호건의 『별의 계승자』와 『별의 계승자 2: 가니메데의 친절한 거인』,

『Echoes of an Alien Sky』(국내 미출간) 그리고 테드 창의 『네 인생의 이야기』를 좋아해요.

도타니 아무래도 저는 〈기동전사 건담〉 세대죠. 〈2001 스페이스 오디세이〉도 중학생 때 열심히 봤고요.

신쿠라 현재는 『명탐정 코난』, 어렸을 땐 『우주소년 아톰』, 젊었을 땐 〈백 투 더 퓨처〉입니다.

도미타 구리모토 가오루의 『구인 사가』와 사이토 다카오의 『고르고 13』입니다.

Q 전문 분야가 아닌 데서 영감이나 힌트를 얻은 적이 있나요? 학문 이외의 분야여도 상관없습니다.

레키모토 있죠. 다른 분야의 연구도 그렇고 연구 이외의 것도 있고요. 자파넷 타카타(일본의 홈쇼핑 채널-역주)의 상품 설명은 연구 프레젠테이션에도 활용할 수 있을 만큼 배울 점이 많아요. 그리고 30년 전 일인데, 가부키 극장에서 착용한 이어폰 가이드가 단순한 동시통역이 아님을 알았던 게 웨어러블 컴퓨터 연구를 시작한 계기가 되었습니다.

고다 종종 힌트를 얻습니다. 저는 제 연구실에 전혀 다른 배경을 지닌 사람들을 들입니다. 잘되지 않을 때도 있지만 전혀 상상하지 못한 새로운 개념을 가져다주는 경우도 많아요. 그걸 더욱 조직적이고 대규모로 실시하는 게 제가 운영하고 있는 '세렌디피티 랩'(Serendipity Lab)입니다(http://www.serendipitylab.org).

에사키 많아서 손에 꼽기 어려워요.

구로다 반도체의 경제학에 흥미가 있어요. 반도체 투자가 왜 과열되는지, 그 이유를 욕망만으로 설명해도 되는지, 안전판은 무엇인지 등이요.

나카스카 저도 여러 곳에서 힌트를 얻습니다.

도타니 최근 중성자별 폭발 현상의 통계적 연구(발생 시각과 에너지의 데이터 공간에서의 상관관계)를 하고 있는데 지구의 지진과 아주 유사하다는 걸 발견하여 논문을 발표했습니다. 장소도 규모도 전혀 다른 두 현상에서 놀랄 만한 유사성을 발견해서 물리학의 보편성과 재미를 새삼스레 느끼고 있어요.

신쿠라 지난주에 오키나와에서 피부과 학회가 열렸는데요. 그때 야마기와 주이치 전 교토대학교 총장이 특별 강연을 했어요. 생물 다양성에 대해 세계적으로 우리가 생각해야 할 점을 이야기하셨는데, 다양성에 미생물도 포함해야 한다는 말이 인상적이었죠. 미래의 SDGs(지속가능발전목표)를 생각할 때 동서양 지식을 융합하는 것이 중요하다는 이야기도 정말 와닿았어요. 분야는 전혀 다르지만 넓은 시야에서 생물을 관찰해야 한다는 데 감탄했고 장내 세균을 제어하려는 제 연구의 방향성과 일치하는 부분도 있어서 좋았습니다.

도미타 저는 STEM 교육(과학, 기술, 공학, 수학 분야를 융합한 통합 교육-역주)입니다. 최근 초등학생들이 연구실을 견학했는데 아이들의 잠재력을 새삼 실감했어요. 그리고 아이들의 뇌가 지닌 잠재성에 관심이 가더군요.

에사키 히로시 × 구로다 다다히로 × 가와하라 요시히로

이어서 두 번째 대담에서는 정보 통신을 이야기해보겠습니다. 우선 에사키 히로시 교수님은 ICT(정보통신기술) 분야의 1인자로, 국가 디지털화를 주도하는 일본 디지털청에서 다양한 제언을 해왔습니다. 두 번째로 구로다 다다히로 교수님은 가토 신페이 준교수님의 표현에 따르면 "반도체 한복판에 있는 인물"이며, 이번 대담에서도 반도체의 흥미진진한 미래를 설명했습니다. 마지막으로 가와하라 요시히로 교수님은 우리 주변에 있는 미량의 에너지를 전력으로 변환하는 연구를 하면서 이를 사회에 어떻게 구현할지 고찰하는 연구자입니다.

대담 중 한 인기 만화의 기술을 현실에 재현하는 연구 내용이 화두에 오르자 분위기가 한층 무르익었습니다. 그 밖에 '6G·7G·8G 기술이 발전하면 세상은 어떻게 달라질까?', '미래의 스마트폰에 구비될 의외의 기능은 무엇일까?', '다른 기업이 GAFA와의 경쟁에서 이기는 방법은 있을까?' 등 이 장에서도 기술과 산업에 대한 놀라운 미래 전망이 오갔습니다. 또한 '즐거운 마음이 연구에서 중요한 이유'라는 실로 원리적인 주제도 파고들었는데요, 이처럼 경제계 인사뿐 아니라 앞으로 연구를 시작할 사람에게도 힘이 되는 내용을 담았습니다.

정보 통신

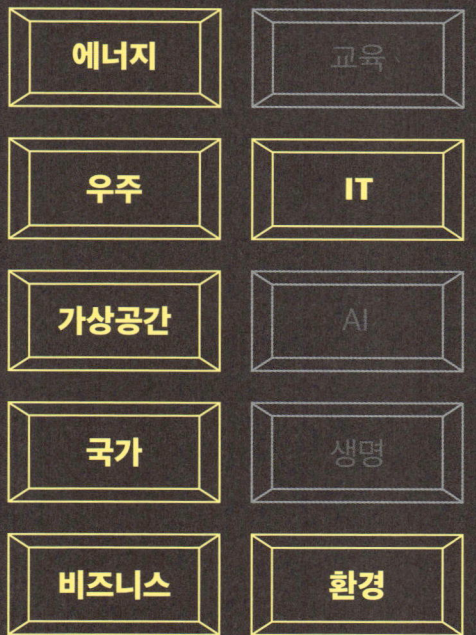

6G가 주요 인프라가 되는 세상

다키구치   그러면 이번 대담에 참여하실 분들을 소개하겠습니다. 에사키 히로시 교수님, 구로다 다다히로 교수님, 가와하라 요시히로 교수님입니다. 잘 부탁드립니다.

저는 사전에 '10년 후의 세상은 어떻게 될까?'라는 키워드로 교수님들과 한 분씩 대화를 나누었는데요. 그중 흥미로운 발언과 인상 깊은 말을 대담 주제로 삼았습니다. 첫 주제는 구로다 교수님이 제시한 '10년 후에는 6G가 사회의 주요 인프라가 된다'입니다. 구로다 교수님, 어떤 내용인가요?

구로다   5G*가 6G로 이행하고 그다음에 7G로 이행한다는 건

---

*   제5세대 이동통신 시스템. 4G(제4세대 이동통신 시스템)에서 제공한 서비스보다 더욱 고속화·대용량화되었고 다수 동시 접속, 초저지연을 실현했다. 5G 통신의 최고 속도는 1초당 1~10기가바이트에 달한다.

단순히 말하면 기술이 발전한다는 의미인데요, 여기서 방점은 '사회 인프라가 된다'는 데 있습니다.

우리는 학교에서 사회 인프라가 도로, 철도, 항만, 공항이라고 배웠지요. 하지만 그건 20세기가 공업 사회였기 때문입니다. 공업 사회는 원자재로 부품을 만들고, 그걸 조립하여 제품을 만드는 사회예요. 사실 일본이 제2차 세계 대전 후에 경제 발전을 할 수 있었던 건 공업 대국이 되었기 때문입니다. 그리고 경제 발전에는 원자재를 옮기는 인프라가 필요했습니다. 즉 도로와 철도였죠.

그러나 앞으로는 공업 사회에서 정보 사회로 변화할 거예요. 자원이 원자재에서 데이터로 바뀌고, IoT(사물인터넷. 사물에 센서를 부착해 실시간으로 데이터를 주고받는 기술-역주)로 데이터를 모으고 AI를 사용해 고도로 처리할 겁니다. 그리고 새로운 서비스를 제공하겠지요. 이때 우리에게 필요한 건 전국 곳곳을 갈 수 있는 포장 도로가 아니라 전국 어디서든 이용할 수 있는 5G·6G·7G라는 최첨단 통신 네트워크입니다.

다키구치 5G라고 하면 저지연, 고속이라는 키워드로 이야기하는 경우가 많은데 5G에서 6G로 이행하면 어떤 점이 좋아지나요?

구로다 통신 속도가 더욱 빨라지겠죠. 다만 큰 제약도 있는데

	친환경적이어야 합니다.
가토	에너지를 절약해야 한다는 것이군요.
구로다	맞습니다. 5G 실현에 필요한 제약을 '5W, 5L, 5kg'이라고 표현해요. 5G의 전파는 4G에 비해 멀리 가지 못합니다. 게다가 일직선으로만 갈 수 있어서 작은 기지국을 근거리에 많이 설치해야 해요. 그런 작은 기지국을 대도시에 설치하려면 '5W, 5L, 5kg'이라는 제약이 따릅니다. 다들 화상 회의를 하다가 컴퓨터가 무거워지면서 '위잉' 하는 바람 소리를 내는 걸 들은 적이 있을 텐데요. 그건 바람으로 컴퓨터를 식혀주는 소리예요. 소비 전력이 커지면 컴퓨터에서 열이 발생해서 그 열을 제거하려고 팬이 돌아가는데, 보통 5와트를 넘으면 돌아가게 되어 있습니다. 다시 말해 도시 곳곳에서 팬이 돌아가면 먼지를 빨아들이다 고장이 나서 관리하기 힘들 테니 5와트 이내여야겠지요.
다키구치	5L과 5kg은 어떤 의미인가요?
구로다	5L, 5kg보다 규모가 큰 기지국은 설치 비용이 상승한다는 뜻입니다.
가토	예전에는 커다란 기지국에 커다란 컴퓨터를 설치했는데 최근에는 분산화가 시작되어 작고 가볍게 만들려고 합니다.
에사키	지금은 계산을 많이 해야 해요. 컴퓨터뿐만 아니라 뇌도

	많이 사용하면 뜨거워지잖아요.
다키구치	머리를 쓰면 열이 나지요. (웃음)
에사키	맞습니다. 그래서 되도록 작게 만들려는 겁니다.
다키구치	열을 식히는 데 에너지가 엄청 많이 들어가는데, 그걸 어떻게 줄일지가 문제네요.
구로다	현재 컴퓨터가 얼마나 열을 발생시키고 있는가 하면, 집에서 고기를 조리할 때 쓰는 핫플레이트(철판구이용 가열기-역주) 있잖아요. 그 핫플레이트의 약 10배에 해당하는 열이 발생합니다.
가토	팬으로 식히니까 그렇게 뜨겁다고 잘 느끼지 못하지만 컴퓨터의 열로 달걀 프라이 정도는 가능합니다.
에사키	그렇죠. 공기로도 식히지 못하면 그 다음은 물로 식히는 방법이 있고요.
구로다	그래서 최근에는 데이터 센터를 수중에 설치합니다. 그리고 친숙한 사례를 들자면 스마트폰은 발열을 극도로 낮추어 팬이 돌아가지 않도록 한 건데요. 스마트폰에는 성능은 좀 더 높이되 전력은 많이 소모되지 않는 기술이 필요해요. 5G, 6G 세상에서는 최첨단 반도체 기술이 필요해질 겁니다.
다키구치	에너지 절약 관점에서 에너지 효율을 어떻게 올릴지가 포인트네요.
구로다	맞습니다. 이제는 전 세계적인 의제가 되었죠. 가만히

있으면 지구 환경을 더는 손쓸 수 없게 되니 논의가 매우 활발히 이루어지고 있습니다.

우리는 소비 전력을 주로 정보 사회를 지탱하는 전자기기에 사용하고 있어요. 전자기기 때문에 소비 전력이 가파르게 증가하여 10년 후에는 약 2배가 된다고 합니다. 아무런 조치를 취하지 않고 방치해두면 2050년에는 약 200배가 될 것으로 예상되고요.

다키구치 6G로 이행하면 세상은 어떻게 변화할까요?

에사키 5G가 '인프라의 입구'에 도달한 세상이라고 한다면 6G는 '제대로 된 인프라'가 정비된 세상이라고 할 수 있겠지요. 그리고 또 한 가지 변수는 우주입니다. 현재 전파는 '밑에 깔려 있는데'(기지국이 지상에 존재) 6G로 이행하면 '위를 향하는'(우주에 존재) 식으로 변화할 겁니다. 우주에 발사한 저궤도 위성을 사용해서 인프라를 구축하겠죠.

구로다 GPS 전파는 이미 하늘에서 수신하고 있어요. 우리는 그걸로 위치 정보를 확인하죠.

가토 그러고 보니 통신은 인공위성을 사용하는 편이 빠르다는 이야기도 있더군요.

에사키 그렇습니다. 유리나 플라스틱으로 만든, 통신 속도가 빠른 광섬유*조차 통신 속도가 빛의 속도의 절반이 넘는 정도입니다. 하지만 우주 진공 상태에서는 빛의 속도로 이동하기 때문에 광섬유보다 2배가량 빠르겠지요. 그래서 지상 케이블보다 위성을 사용하는 편이 속도가 더 빠릅니다.

다키구치 우주를 경유하여 정보를 전달하는 것이군요.

에사키 맞습니다. 일론 머스크도 현재 위성 통신 서비스인 스타링크(Starlink)**를 추진하고 있어요.

다키구치 여기서도 일론 머스크의 이름이 나오네요.

가토 그런데 우주 이용은 선점하는 방식인가요?

구로다 그 부분은 국제적인 규칙 형성이 필요해요.

에사키 우주 공간에는 아직 국가 개념이 없어요. 사실 남극과 북극도 그렇습니다. 지구가 따뜻해져서 지금은 북극에 해저 케이블을 쉽게 설치할 수 있는데요. 덕분에 지구 규모의 인프라를 갖추는 게 쉬워졌어요. 엄청난 혁명이 일어날 겁니다.

다키구치 온난화 한편에선 그런 일이 일어나고 있군요. 가와하라 교수님은 6G 세상을 어떻게 보세요?

---

* 빛을 먼 곳으로 전달하는 목적의 가느다란 섬유 전송로. 투명도가 높은 유리와 고성능 플라스틱으로 만든다. 광섬유는 전자파 영향을 거의 받지 않아 먼 곳에도 고속으로 정보를 보낼 수 있다.

** 미국 우주개발 기업 스페이스X가 운용하는 위성 인터넷 군집위성. 현재 3,000기 이상의 인공위성이 발사되어 전 세계 거의 전역에서 인터넷 접속이 가능하다.

가와하라　가토 교수님의 전문 분야이지만 짧게 첨언하자면, 자동차가 인터넷에 연결되어 다양한 정보를 수집할 수 있지 않을까 싶어요.

구로다　덧붙이자면 '위를 향한다'는 말씀이 좋은 것 같아요. 하늘에서 메시지가 도착하다니, 흥미롭잖아요.

7G, 더 나아가 8G의 세계로

다키구치　지금까지 6G 이야기를 했는데요, 7G·8G로 이행하면 어떤 세상이 될까요?

에사키　효율화가 한층 더 진행될 겁니다. 현재 컴퓨터 등에 사용되는 반도체*는 전자가 마찰을 일으키며 지면을 달리고 있는 듯한 상태예요. 그런데 광자를 사용하면 지면이 아니라 공중을 날아다녀요. 그러면 마찰이 없고 열도 발생하지 않아서 매우 효율적이겠지요. 이를 컴퓨팅(계산)에 이용하려는 시도가 현재 이루어지고 있고 아마 7G, 8G 세상에서 현실화되지 않을까 싶네요.

---

*　도체(전기가 통하기 쉬운 금속 등)와 절연체(전기가 거의 통하지 않는 고무 등)의 중간 성질을 지닌 실리콘 같은 물질이다. 또한 트랜지스터와 전기회로를 하나로 모은 집적회로(IC)를 총칭하여 반도체라고 부르기도 한다.

구로다 전자에게 광자라는 강적이 나타난 상황인데, 마찰을 최대한 줄여서 에너지를 낭비하지 않도록 하는 게 매우 중요해요. 이를 달성할 신재료 연구가 현재 활발하게 진행되고 있습니다.

가토 지금 반도체에 사용되는 재료는 실리콘(규소)*인데요. 실리콘은 언제까지 사용될까요?

구로다 저는 앞으로도 한참 사용될 거라 생각해요. 물론 실리콘을 대체할 소재도 많이 나오고 있어요. 예를 들어 1볼트 정도를 온오프시키려면 실리콘이 좋지만 100볼트를 스위칭(전기 신호의 온오프 전환)하려면 실리콘 이외의 다른 재료를 사용하는 게 적합합니다.

가토 '차세대 파워 반도체에는 산화 갈륨이 좋다'는 이야기를 에사키 교수님께 들은 적이 있는데 어떻게 생각하시나요?

에사키 현재 국가 정책적으로도 갈륨 계열**이 주목받고 있고 질소를 사용한 질화 갈륨이 주류로 떠올랐어요. 그중에서도 컴퓨터처럼 몇 볼트가 아니라 몇만 볼트의 커다란 전압이 흐르는 반도체는 대개 실리콘에서 갈륨으로 대체되고 있습니다.

---

* 실리콘은 땅, 암석, 물, 식물 등에 함유되어 있으며 지구에 산소 다음으로 많은 원소다(원소 기호는 Si). 컴퓨터와 스마트폰에 사용되는 반도체는 초고순도 단결정 실리콘으로 제조된다.

** 알루미늄의 원료인 보크사이트에서 미량으로 추출된다. 푸른빛을 띠는 부드러운 금속으로, 알루미늄과 유사한 성질이 있다(원소 기호는 Ga). 현재 염화 갈륨과 갈륨 비소, 질화 갈륨 등이 반도체 소재로 사용된다.

	그리고 산화 갈륨도 주목받고 있는데요. 이건 이미 산화돼서 더는 열화되지 않아요. 그래서 현재 세계적으로 개발 경쟁이 일어나고 있는 새로운 재료입니다.
다키구치	새로운 소재가 키포인트가 되겠군요. 산화 갈륨의 원재료는 어디에 있을까요? 그 원재료를 확보한 국가는 힘이 강해지겠네요.
에사키	그걸 노리는 게 중국입니다. 일본도 총력을 기울여서 전략적으로 갈륨을 탐색하고 있어요(갈륨은 광석 속에 다른 원소와 공존하며 현재 중국이 세계 점유율 1위다).
구로다	반대로 말하면 실리콘은 지구에 다량 존재해서 모두 사용할 수 있는 재료이고, 쟁탈전이 일어날 우려가 없어요. 그래서 널리 사용되고 있습니다.
가토	실리콘이라고 하니 생각났는데요, 실리콘밸리(미국 캘리포니아주 샌프란시스코 남부의 산타클라라 밸리)는 왜 그런 이름이 붙었을까요?
구로다	그 지역에서 실리콘 관련 기술과 산업이 반세기에 걸쳐 발전해왔기 때문입니다.
다키구치	그럼 향후에 '산화 갈륨 밸리'라고 불리는 지역이 나올 수도 있겠네요. (웃음)
가와하라	산화 갈륨 밸리는 어감이 좀 이상하네요. (웃음)
구로다	실리콘밸리는 실리콘을 생산하는 지역이 아니라 실리콘을

사용해 지혜를 짜낼 수 있는 곳이에요. 그래서 산화 갈륨 밸리도 그런 맥락이어야 하겠죠. 만약 생산지라는 맥락에서 이야기한다면, 해저에 있으니 '산화 갈륨 해구'라는 이름이 붙지 않을까요?

에사키 창의적인 사람들이 모여 산업이 발전한 결과 실리콘밸리라고 불리게 됐다는 게 흥미롭네요.

가와하라 실리콘밸리처럼 장소에 별명이 붙는 게 중요해요. 현재 도쿄대학교가 위치한 혼고 주변에 일본의 AI 스타트업이 모여 있어 그곳을 '혼고 밸리'라고 부르는데요. 창의적인 사람들이 한곳에 모인 덕분에 보수적인 분위기가 바뀐 것 같습니다.

가토 저도 그렇게 느꼈어요.

다키구치 저도 도쿄대학교와 협업하면서 느꼈는데 혼고가 점점 사회에 개방되고 있는 것 같아요. HONGO AI(도쿄대학교를 중심으로 실시한, 본질적인 사회 문제에 도전하는 기술계 벤처 기업 대상의 스타트업 피치 이벤트)에서 사회를 맡았을 때도 그렇게 생각했어요. 가와하라 교수님께서는 다양한 측면에서 산학연계에 참여해오셨지요?

가와하라 네. 저는 학생 때부터 시부야의 벤처 기업에서 아르바이트를 했고 다양한 소셜미디어 기업의 경영자들을 알게 되었어요. 당시 대학과 기업의 분위기가 전혀 달라서 영영 섞일 일이 없지 않을까 싶었는데 약 10년 전부터 많이 섞이고 있다는 느낌이 듭니다.

공중에서 에너지를 가져오는 마법 같은 기술

가토 가와하라 교수님의 연구는 구체적으로 어떤 건가요?

가와하라 제가 하고 있는 연구로는 우선 '에너지 하베스팅'(환경발전)이 있어요. 아까 열 이야기가 나왔는데, 열과 태양광을 이용하거나 공중에 있는 전파를 수확하여 실리콘 디바이스를 움직이는 것입니다.

에사키 공중에서 에너지를 가져오는 기술이군요.

다키구치 그런 마법 같은 일이 가능한가요?

구로다 가능해요. 길거리에 많은 빛이 있다면 전파도 그 부근에 많이 떠다니고 있으니까요.

가토 어떻게 전기로 변환하나요?

가와하라 제가 대상으로 삼은 건 TV 전파예요. 도쿄타워에서 나오는 전파를 수확하고 그걸 직류로 변환하여 사용합니다.

가토 TV 전파라면 기본적으로 전국 어디서든 포착할 수 있겠네요. 몇 와트 정도인가요?

111

가와하라 0.1밀리와트입니다.

다키구치 공중에서 가져온 에너지로 움직이는 회로가 추후에 생길까요?

가와하라 사실 약 10년 전에 실증이 끝났어요. 다만 아직 세간에서 널리 사용되지는 않습니다.

가토 0.1밀리와트로 무엇을 할 수 있나요?

가와하라 그건 어떻게 사용하는지에 달려 있어요. 계속 작동하지 않아도 되는 것들이 있잖아요. 예를 들어 기온 측정이 그렇죠. 기온은 1~2분 만에 확 달라지지 않아요. 그래서 5분 간격으로 100분의 1초 정도 기동하여 온도를 측정하고 그걸 기지국에 보고합니다. 이 정도라면 평균적으로 0.1밀리와트 정도인 것 같네요.

구로다 우리 뇌는 대체로 20와트의 전력을 소비한다고 합니다. 간략히 말하면 그 소비량의 10만 분의 1이에요. 하지만 우리도 뇌를 계속 사용하고 있지는 않아요. 가끔 멍하니 있기도 하고요.

가와하라 참고로 연구를 시작했을 무렵에 '도쿄 스카이트리나 도쿄타워에서 전기를 훔치고 있냐'는 이야기를 자주 들었어요. (웃음)

구로다 그럴 리가요, 쓸모없이 흐르는 걸 재이용하고 있을 뿐이잖아요.

가와하라	그대로 두면 열로 전환되어 우주로 날아가는 걸 감사하게도 이용하고 있는 것뿐이죠.
에사키	그야말로 SDGs(지속가능발전목표)네요.
가토	구체적으로 어떤 회로를 만드셨나요?
가와하라	정류회로*라는 건데요. 전파는 양극과 음극을 오가는데 한 반도체를 사용하면 전부 양극으로 변환할 수 있어요. 그렇게 해서 전파를 모으면 전지처럼 됩니다.
가토	그걸로 무엇을 할 수 있을까요?
가와하라	예를 들어 IoT 디바이스**가 있죠. 아까 잠깐 언급했듯이 온도와 가속도를 측정해서 보고하는 정도는 가능해요.
다키구치	머리를 쓰면 열이 난다는 이야기가 앞서 나왔는데, 인간이 생각할 때 발생하는 열을 전력으로 변환하여 유효하게 활용할 수도 있을까요?
가와하라	가능합니다. 약 20년 전에 체온과 외부 기온 온도차로 발전하는 손목시계가 있었어요. 다만 지금은 사라진 것 같아요.
다키구치	왜 없어졌을까요?
가와하라	온도차를 만드는 게 어려웠던 모양이에요. 사람의 체온은 36°C 정도인데 여름이 되면 외부 기온과 체온이

* 교류 전기를 직류 전기로 바꾸는 전기회로다. 가정과 공장에는 대체로 교류 전기가 공급되지만 두 곳에서 쓰이는 전자기기는 대부분 직류 구동이므로 정류회로가 필요하다.

** 인터넷에 연결되어 컴퓨터, 스마트폰, 태블릿 등으로 원격 조작할 수 있는 가전. IoT(사물인터넷)에서 사물에 해당한다.

비슷해져서 온도차가 없기 때문에 시계가 작동하지 않았다고 해요.

다키구치 안정적으로 작동하기 어렵군요. 하지만 이것저것 에너지로 변환하려는 시도가 참 흥미롭네요.

미래에는 스마트폰을 충전할 필요가 없다?

다키구치 다음 주제로 넘어가서 가와하라 교수님이 생각하는 10년 후 미래에 대해 이야기하겠습니다. '10년 후엔 스마트폰을 충전할 필요가 없어진다'인데요, 매우 편리할 것 같은데 구체적으로 어떤 내용인가요?

가와하라 우리가 더욱 좋은 기능을 추구할 때마다 소비 전력은 점점 증가합니다. 예를 들어 약 20년 전에 휴대전화를 사용해본 사람들은 알겠지만, 대부분 음성 전화 기능만 사용하던 당시 모델은 일주일 정도 충전하지 않아도 계속 쓸 수 있었어요.

그런데 지금 스마트폰은 기능이 향상된 반면 매일 충전해야 합니다. 그런 의미에서는 일부 역행했다고 할 수 있어요. 그도 그럴 것이 소비 전력이 크기 때문입니다. 그래서 '무선 전력 전송'이 주목받고 있어요. 전파를 이용한 충전이 활발히 연구되고 있는 것이죠.

다키구치 가와하라 교수님도 무선 전력 전송을 연구하고 계신가요?

가와하라 네. 저는 10년 정도 무선 전력 전송을 연구했어요. 지금도 무선 충전용 코일이 들어 있는 스마트폰은 충전 패드에 올려두고 충전할 수 있지만 패드에 조금만 엇나가게 올려두어도 충전되지 않지요.

다키구치 세심하게 다룰 필요가 있네요.

에사키 현재 그 오차를 맞추는 기술도 생겼어요. 군사용 레이더 기술을 전용(轉用)하면 움직이고 있어도 추적하여 전력을 공급할 수 있어요.

구로다 그렇다면 앞으로 스마트폰을 주머니 속에 넣고 길거리를 걷는 사이에 충전이 될 수 있겠네요. 라멘을 먹는 동안 충전한다든가.

다키구치 그건 어떤 에너지를 사용해서 충전하는 건가요? 유선 충전이면 '아, 여기에서 저기로 에너지가 들어가고 있구나' 하고 알 수 있잖아요.

가와하라 벽 콘센트에서 전력을 공급하는 것처럼 안테나에서 전파가 나오는 이미지이지 싶어요.

다키구치 그렇군요. 저는 충전하는 게 엄청 스트레스인데요. 아침에 일어났을 때 스마트폰이 충전되어 있지 않으면 깜짝 놀라죠.

가토	그런데 걷기는 에너지 변환 효율이 나쁜가요?
가와하라	그렇죠. 보행 시의 상하 운동으로 충전하는 방법도 있기는 합니다. 다만 트레이드 오프(무언가를 얻으면 무언가를 버리는 것)가 작용하는데요, 발전(發電)하면서 걸으면 평소에 걷는 것보다 더 피곤해요. 결국 사람이 움직여서 에너지를 발생시켜야 하니까요.
구로다	'되도록 빨리 충전을 끝내고 싶은 상황'인지, '어느 정도 충전되면 만족하는 상황'인지에 따라 차이가 있어요. 후자라면 떠다니며 허비되는 전파 에너지를 모아 천천히 충전할 수 있겠죠. 그리고 가토 교수님의 전문 분야에 관해서는 자동차가 도로를 달리며 충전하는 건 이미 일부 지역에서는 현실화되기 시작했어요.

자율주행 자동차로
주소의 개념이 바뀐다?

가토	네. 달리면서 충전하는 전기차 개발이 진행되고 있어요.
구로다	10년 후에는 자동 충전도 당연해지지 않을까 싶어요. 밖에서 시간을 보낼 때 전기차나 스마트폰이 알아서 충전되는 거죠.

가토   전기차 자동 충전이 가능해지면, 다른 것들도 거의 대부분 자동 충전할 수 있겠네요.

에사키   맞습니다. 자동차는 에너지가 무척 크니까요.

구로다   에너지 그 자체를 운반하는 것과 같지요.

가토   40킬로와트 정도니까요.

구로다   그러려면 자동차가 달리는 도로에 급전(給電) 장치를 마련해야 해요. 여러 가지 조건이 붙겠지만요.

에사키   자동차는 타이어라는 마찰 덩어리로 무거운 차체를 지탱하면서 맹렬한 속도로 도로를 달리기 때문에 굉장한 에너지가 필요해요. 그래서 약 10년 후에는 그런 육중한 게 아니라 사람의 발 같은 기능을 이용해 이동하지 않을까요? (웃음)

다키구치   타이어가 아니라 인간처럼 이동해야 에너지 효율이 올라간다는 말씀인가요?

에사키   효율이 더 커지죠. 마찰이 적으니까요.

구로다   그리고 추돌 사고를 일으키지 않는 자율주행 자동차를 만든다면, 그토록 튼튼한 철로 운전자를 보호할 필요도 사라지지 않을까요?

가토   그런 이야기가 종종 있지요. 플라스틱 자동차* 같은 거요.

---

* 에너지 절약과 경량화를 위해 플라스틱을 사용해 제조되는 자동차. 프론트 범퍼와 리어 범퍼 등에 내충격성이 강한 플라스틱이 사용되는 경우가 많다.

구로다	그렇게 되면 자동차는 더 가벼워지고, 단단한 철을 만들 때 다량 발생하는 이산화탄소도 줄어듭니다.
에사키	그리고 자율주행을 하면 브레이크를 밟지 않아도 됩니다. 브레이크는 마찰열로 인해 쓸모없는 에너지를 다량 발생시키잖아요. 또한 가속할 때 에너지를 가장 많이 써요. 그래서 가속할 필요가 사라지면 에너지 효율이 크게 올라가서 연비도 좋아질 겁니다.
가토	그렇죠. 주제를 조금 벗어나는 이야기지만 자율주행은 '승용차' 형태가 아니어도 된다고 생각해요. 전기차는 내부로 전력이 공급되어 스마트폰을 충전하거나 음악을 들을 수 있는데요. 준중형 버스 정도의 크기면 잠도 충분히 잘 수 있어요. 사실 준중형 버스는 1인 가구의 방 크기 정도 됩니다. 만약 전기차가 발전하여 1인 가구에게 더 이상 집이 필요 없어진다면 그게 바로 이노베이션이겠지요.
다키구치	이동하기 위한 자동차가 아니라 거주하기 위한 자동차네요.
가토	집이 움직인다니 매력적이지 않나요?
구로다	하늘을 날아도 재밌겠어요.
에사키	그건 이미 일론 머스크가 생각하고 있는 모양이에요. 저도 생각해본 적 있는데 자동차에 거주하며 이동할 수 있다면 애초에 땅을 사지 않아도 될 것 같아요.
다키구치	그러면 토지 가치는 어떻게 될까요? 토지 개념도 달라질 수

	있겠네요.
구로다	전화가 유선전화에서 휴대전화로 바뀐 것처럼 주소도 고정되지 않겠죠. 그러면 택배도 제가 있는 곳으로 쫓아올 수밖에 없어요.
다키구치	대단한 일이군요. 고정된 장소에 살아야 한다는 개념이 바뀔 듯합니다.
에사키	그것도 그렇고, 매일 들고 다니는 스마트폰의 디스플레이 화면도 없어질 수 있어요. 자동차 운전자는 화면을 보기 힘드니까 음성으로 지시를 내리겠죠. 이처럼 현재 우리는 눈과 손가락으로 스마트폰을 사용하고 있지만 이 부분도 바뀔 거라 생각해요.
구로다	SF 영화를 보면 그런 모습이 나타나죠. 사람들이 지상이 아니라 하늘 높은 곳에 살고, 아무것도 없는 공간에 화면이 나타나 자연스레 누군가와 이야기하고요.
에사키	예를 들어 몸을 움직이지 못하는 사람이 눈으로 대화할 수 있잖아요.
다키구치	눈으로 글자를 읽어서 의사를 전달하는 디바이스가 있지요.
에사키	맞습니다. 그런 다양한 디바이스를 사용하게 된다면 제약이 점점 변화할 겁니다.
가와하라	일론 머스크 이야기를 한 번 더 하자면 그는 머리에 전극을

	이식하여 사람과 컴퓨터를 연결하려고 해요.
다키구치	컴퓨터를 통해 의사소통을 할 수 있게 된다는 거군요. 생각만으로 의사소통을 할 수 있는 세상이 오겠네요.
에사키	그건 마이크로 머신(초소형 기계 장치)화되고 있다는 의미예요. 약 20년 전만 해도 우리는 사진관에 가서 사진을 인쇄했어요. 그런데 지금은 각 가정에 있는 프린터를 사용하면 금방 인쇄할 수 있습니다. 사실 컴퓨터도 마찬가지예요. 컴퓨터는 약 40년 전에 학교 교실 정도 크기였어요. 그래서 움직일 수 없었죠.
다키구치	휴대전화도 마찬가지예요. 옛날 TV 드라마에 나오는 전화는 책가방 정도 크기니까요.
에사키	맞습니다. 스마트폰의 경우에는 정말 필요한 것만 집약하면 손톱만 한 크기가 될 거예요. 지금은 배터리와 디스플레이 때문에 크기가 큰 거죠.

궁극적인 소형화가 초래하는 것

구로다	그래서 디스플레이가 사라지고 배터리에 무선 급전이 가능해지면 크기가 줄어들 겁니다. 그러면 주머니에 넣고

다키구치 다닐 필요도 없죠.

다키구치 안경에 탑재할 수도 있겠네요. 하지만 크기가 너무 작아지면 잃어버릴지도 모르겠군요.

구로다 말을 걸면 자신의 현재 위치를 대답하겠죠.

가와하라 몸에 이식하여 사용하는 방향도 있어요. 하지만 한편으로는 손에 들고 디스플레이를 보는 게 편하니까 지금의 스마트폰 형태도 조금 더 존속하지 않을까 싶어요.

가토 폴더형이라는 변화는 있었지만요.

에사키 손목시계 형태도 있어요. 어쨌든 가와하라 교수님이 열심히 연구하셔서 어디서든 충전이 가능한 세상이 왔으면 좋겠네요.

구로다 컴퓨터는 원래 엄청나게 컸는데 책상 위에 놓을 정도로 크기가 줄어들면서 개인화되었어요. 이후 인터넷에 연결되어 급속도로 편리해졌고 무선 기술이 등장하면서 휴대가 가능해졌죠. 그다음에는 걸으면서 가상 공간에 접속할 수 있게 됐지요. 더 나아가 가와하라 교수님께서 무선 전력 전송을 개발해주신다면 편리성이 더욱 향상될 겁니다. 그러한 기술이 전부 연결되면 또 다른 일들이 가능해지는 방향으로 사회가 발전하지 않을까요?

가토 약 10년 후면 현실적으로 몇 와트까지 무선 급전할 수 있을까요? 스마트폰은 몇 와트 정도이니까 어떻게든 될

	것 같은데 컴퓨터는 30와트 정도, 자동차는 수천 와트 필요하잖아요.
가와하라	정보처리 계열 단말이라면 소비 전력을 조금 더 낮출 수 있기 때문에 스마트폰과 컴퓨터는 가능성이 있어요. 물체를 움직일 정도의 에너지는 아직 어려울 수 있지만요.
구로다	우주에서의 데이터 전송 이야기가 아까 나왔는데 에너지도 우주에서 가져올 수 있을까요?
에사키	네. 우주에는 공기가 없기 때문에 에너지 효율이 무척 좋아요. 우주 공간에서 에너지를 가져와서 그걸 마이크로파로 보낼 수는 있을 겁니다.
가와하라	지상에서 태양광은 날씨가 흐리면 발전 효율이 나빠지는데 우주에는 구름이 없기 때문에 매일 맑은 상태예요. 그래서 효율이 좋습니다.
에사키	전 지구적 에너지 문제를 잘 풀어나가야겠죠. 그리고 애초에 '물체를 물리적으로 들고 움직이는 귀찮은 일을 그만할 수도 있지 않을까?'라는 발상에서 디지털이 탄생했는데요. 물체를 정보라는 형태로 바꾸면서, 물체가 더는 물리적이지 않아도 된다는 걸 모두 알게 됐어요. 장래에는 물류 형태가 근본적으로 바뀔 겁니다. 휴대용 디바이스의 에너지를 어떻게 확보할지가 중요해지겠지요.
다키구치	우주에서 에너지를 가져올 수 있다면 정말로

	친환경적이겠네요. 그런 세상이 진짜 도래할까요?
가와하라	벌써 몇십 년 전부터 그런 프로젝트가 시작되었고 현재 발전한 에너지를 마이크로파로 보내는 것까지 실현되었어요. 다만 마이크로파를 아무 데나 보내면 위험하기 때문에 구부려서 목표 장소로 발사하는 기술이 필요해요. 일본에서는 그 구부리는 기술을 실현하는 데 성공했고 현재는 마이크로파를 상공 몇 킬로미터 지점에서 보낼 수 있는지 실험하고 있습니다.
가토	인공위성에 발전기 같은 것을 단 후에 우주에서 전기를 모아 지상을 향해 마이크로파로 보내는 방식인가요?
가와하라	맞습니다. 해상에 수전(受電) 설비를 설치하여 그곳으로 보냅니다.
에사키	그렇게 되면 미래에 가토 교수님의 전문 분야인 자율주행 자동차에 배터리를 싣지 않아도 될 겁니다. 우주에서 전기를 공급받으니까요.
다키구치	장래에는 개인 맞춤형 자동차를 만드는 세상이 올 수도 있겠네요.
에사키	자전거 운동에서 발생한 에너지를 옆에 있는 컴퓨터가 사용하는 것도 가능하겠죠. (웃음)
다키구치	호시 신이치 작가의 세계관이군요.
가와하라	실제로 헬스장에서 사이클을 타면 소비 칼로리가

	표시되잖아요. 그걸 볼 때마다 '이 칼로리를 들고 가서 다른 용도로 쓰고 싶다'고 생각했어요. (웃음)
가토	무선 급전 설비의 다른 용도로는 인프라도 있습니다. 재생 에너지뿐만 아니라 그 밖의 에너지도 사용하는 게 좋겠지요. 수천 와트를 충전할 수 있는 설비가 도로에 생기면 꽤 다양한 일이 가능해질 겁니다.
가와하라	사실 무선 급전은 효율이 100%가 아니기 때문에 친환경에 반하는 부분도 있어요. 도저히 유선으로 연결하기 어렵거나 전지가 갑자기 없어지면 곤란한 환경에 우선 설치되겠지요.
구로다	예부터 전쟁이 일어나는 이유는 에너지 쟁탈 때문이었어요. 이노베이션도 에너지 이용 방법과 효율이 향상되면서 일어났지요. 역사적인 관점에서 인류를 바라보면 에너지 문제가 가장 중요하다는 걸 알 수 있어요. 그렇기 때문에 10년 후에도, 20년 후에도 에너지 효율이 좋아지는 방향으로 기술과 사회 형태가 변화하지 않을까 싶습니다.

개개인이 전용 반도체
칩을 가지는 미래

다키구치   에너지 이야기가 나온 김에 다음 주제도 이어서 이야기하겠습니다. 구로다 교수님이 제시한 '미래에 전용 반도체 칩이 생긴다'라는 주제입니다. 에너지 효율이 매우 좋다고 말하셨는데 자세히 설명해주세요.

구로다 이전에 미국 샌프란시스코에서 학회가 있었을 때 가토 교수님과 근처 와인 바에 갔는데요. 그곳에서 가토 교수님께서 자율주행 소프트웨어를 연구하고 있다고 하시길래 제가 이렇게 대답했어요. "앨런 케이*가 '소프트웨어를 중요하게 여긴다면 독자적인 하드웨어를 만들어야 한다'고 말한 적이 있습니다. 이제 슬슬 전용 칩을 가져야 하지 않을까요?"
이게 바로 이번 주제의 키워드예요. 10년 후가 될지, 언제가 될지 알 수 없지만 미래에 전용 칩의 필요성에 대해 이야기할 날이 올 거라고 생각해요.

다키구치 전용 칩이라는 단어가 흥미롭네요.

구로다 전용 칩이 대체 무엇인지 궁금하실 겁니다. 조금 설명하자면, 아빠와 아들이 이런 대화를 한다고 해보죠. "얼마 전에 전기 공작으로 칩을 만들었단다. 네 가정교사 로봇으로 가와라 교수를 설치했어."

---

* 미국의 전산학자로 개인용 컴퓨터의 아버지로 불린다. 대형 컴퓨터 전성기(1960년대)에 개인용 컴퓨터라는 개념을 제창했다.

"와, 대단하네. 트랜지스터* 몇 개 사용했어?"

"가와하라 교수님의 뇌는 복잡해서 트랜지스터를 1조 개쯤 사용했는데 1만 엔(약 10만 원) 정도였어."

"그 칩은 언제 도착하는데?"

"다음 주쯤이야."

이런 대화가 오가는 미래가 오지 않을까 싶어요. 그리고 배송된 칩을 가정교사 로봇에 넣으면 가정교사 로봇이 가와하라 교수님이 되는 거죠.

또는 긴자의 초밥 장인과 히로오의 프렌치 레스토랑 셰프의 기술이 담긴 칩을 자동 요리 기계에 넣으면 프렌치 요리 느낌이 나는 초밥을 만들 수 있겠지요. 요컨대 전용 칩이란 궁극적으로 모두가 나만의 전용 반도체를 만들어 사용하는 거예요. 다양한 시너지가 발생하고 커다란 이노베이션이 일어날 겁니다. 이걸 저는 '반도체 민주화 운동'이라고 불러요.

다키구치 왜 전용 반도체 칩이 필요할까요?

구로다 예를 들어 자율주행을 하고 싶어 한다고 가정해볼게요. 일반적인 소프트웨어로 만든 솔루션은 에너지를 지나치게 많이 사용해요. 반면 나만의 전용 칩을 만들면 에너지

---

*   전류를 조절하는 전자 회로. 전기 신호를 증폭하는 기능과 전류를 흐르게 하거나 멈추는 기능이 있다. 트랜지스터는 당초 반도체 물질인 게르마늄으로 만들었으나 현재는 대부분 실리콘으로 제조된다.

소비가 100분의 1 정도로 감소할 겁니다.

현재의 컴퓨터와 스마트폰 앱은 누구나 어떤 목적으로든 사용할 수 있게 만들어졌어요. 한 사람에게는 필요하지만 다른 사람에게는 불필요한 회로가 많이 들어가 있다는 뜻입니다. 기존의 다양한 소프트웨어를 전부 사용할 수 있도록 설계하면 아무래도 그럴 수밖에 없죠. 그러면 움직임이 둔해져요.

반면 내가 정말 하고 싶은 게 무엇인지 확실히 알고 '사용하고 싶은 기능'과 '사용하지 않는 기능'을 결론 내릴 수 있다면 그 칩은 매우 효율적으로 가동할 것입니다. 기존보다 100분의 1 정도의 에너지면 충분하겠지요.

다키구치 나만의 사양을 지닌 반도체를 개개인이 만들 수 있다는 건가요?

구로다 그렇습니다. 규격과 대량 생산이 앞으로 필요 없어질 겁니다. 우리는 더욱 풍족하게 살고 싶을 때 나만의 특별한 무언가를 가지고 싶어 해요. 그러나 거시적으로는 친환경적이어야 합니다. 따라서 아마 우리는 친환경적이면서 개인에게 특화된 걸 추구하게 되겠지요.

다키구치 나만의 사양을 지닌 반도체를 만드는 시대가 도래할 수 있게 된 배경을 알려주세요.

에사키 반도체를 만들려면 마스크라는 설계도를 우선 제작하는데 예전에는 마스크가 매우 비쌌습니다. 하지만 지금은 특정 장비로 전자를 톡톡 튀게 하여 반도체를 만들 수 있어요. 그리고 그 조작도 프로그램에 넣으면 완료됩니다. 제조 방법이 간단해진 거예요.

구로다 에사키 교수님께서 방금 말하신 것처럼, 칩을 만들기 위한 마스크 설계 및 제조에만 약 100억 엔(약 1,000억 원)이 소요됩니다. 그토록 많은 비용이 든다면 '가와하라 교수님의 뇌를 재현한 가정교사'에 예산을 1만 엔(약 10만 원)으로 정할 수 없을 겁니다. 현재는 간단한 프로그램을 통해 전자가 알아서 만들어주는데요. 더 나아가 미래에는 약 1만 엔(약 10만 원)으로 만들 수도 있겠지요.

에사키 지금은 그 중간 지점에 있군요.

구로다 트랜지스터를 배열하고 배선하는 데만 신경을 쓰다 보면 1조 개의 트랜지스터를 집적하는 칩을 완성하는 건 요원할 수도 있어요. 컴퓨터를 사용해 쉽게 만들어내기까지 10년 정도 걸리지 않을까 싶습니다.

다키구치 불과 10년 만에 그런 세상이 찾아오는군요.

구로다 테크놀로지는 지수함수*로 성장합니다. 우리는 보통 전년부터 해당 연도의 성장률이 다음 해에도 지속되리라

---

* $y=a^x$으로 표현하는 x 함수(a는 1이 아닌 양수)다. x가 증가하면 y는 폭발적으로 증가한다. 그래서 가파른 증가를 '지수함수적으로 증가한다'고 표현하기도 한다.

생각하는데 새로운 기술이 나타나면 엄청난 우상향 곡선을 그리며 산업이 발전해요. 그런 식으로 예상해보자면 30년 걸릴 것 같던 일이 10년 이내에 가능해지기도 하죠.

가토 스마트폰도 2~3년 만에 보급되었고요.

에사키 현재 젊은 세대 중에는 프로그래밍을 할 수 있는 사람이 많아요. 하지만 그 이전 세대에는 그럴 수 있는 사람이 적었죠. 아마 다음 세대는 나만의 반도체를 만들 수 있는 시대를 살아가지 않을까요?

가와하라 저도 2~3년 전에 어느 프로젝트 때문에 나만의 칩을 연구소에서 만든 적이 있어요. 몇 밀리미터의 낱알을 공중에 띄워 반딧불이처럼 빛을 발하며 날아다니게 하려고 했는데요. 날아다니려면 매우 가벼워야 하는데 그에 맞는 적당한 칩을 구하지 못했죠. 그래서 성능은 그럭저럭 괜찮으면서 가볍고 작은 칩을 직접 만들 수밖에 없었습니다.

전용 칩이 GAFA를 격파하는 날이 올까?

구로다 나만의 반도체를 만드는 일이 실현되면 이노베이션이 일어날 겁니다. 가령 GAFA처럼 100억 엔(약 1,000억 원)을 즉각 내놓을 수 있는 조직만 반도체를 설계할 수 있다면 조금 전 말하신 발상은 실현되지 않을 거예요. 하지만 누구나 만들 수 있게 되면 독특한 발상을 가진 사람들 때문에 다양한 일이 일어나겠죠.

다키구치 지금은 GAFA가 매우 강력한 존재이지만 전용 칩을 만들 수 있게 되면 세력 구도에 변화가 생길까요?

구로다 변할 거라고 생각해요.

가토 세력이라고 말하셨으니 떠오른 건데요, 일본은 원래 반도체 강국이었잖아요. 지금은 어떤 상황입니까?

구로다 일본이 공업 대국으로 자리 잡으면서 품질 좋은 물건을 만들어 승기를 잡았지만 대량 생산에 필요한 자본 경쟁에서 패배했어요.

가토 현재 일본은 반도체 제조는 어렵지만 설계 쪽에 인력이 상당수 있어요. 전용 칩을 만들 수 있는 날이 오면 어떻게 될까요?

에사키 결국 도전의 문제예요. 도전하는 데는 당연히 위험이 따르기 때문에 위험을 감수할 의지가 있어야겠죠. 방금 구로다 교수님께서 말하신 '자본 경쟁에서의 패배'는 당시 위험을 감수하지 않고 대량 생산에서 이길 수 있는 곳에만 자원을 지나치게 집중시켰기 때문이에요. 진정한 성장 아이템은 CPU*와 GPU**였으나 거기에는 투자하지 않았죠. 안전한 경영을 하려면 돈을 가장 많이 버는 쪽으로 가게 되니까요. 따라서 향후 기업이 투자할지에 달려 있습니다.

실제로 만들 수 있는
호이포이 캡슐

다키구치 이어서 가와하라 교수님이 제시한 '호이포이 캡슐을 실제로 만들 수 있다'라는 주제에 대해 이야기하겠습니다. 가와하라 교수님, 호이포이 캡슐을 만들고 있다는 말씀인가요?

가와하라 네. 30대 이상이라면 다들 알 텐데요, 『드래곤볼』***이라는 작품에 탁 하고 던지면 이동수단과 집이 나오는 캡슐이 있어요. 현재 이 캡슐과 유사한 걸 만들고 있어요. 예를 들면 공기를 넣을 수 있는 유연한 소재를 사용해서 강도가 유지되는 구조물을 만듭니다. 거기에 모터를 달면

---

* Central Processing Unit의 약자로 중앙처리장치라는 의미다. CPU는 컴퓨터 처리의 중심 역할을 하며 다양한 데이터가 CPU를 통해 제어 및 계산된다. 프로세서라고도 부른다.

** Graphic Processing Unit의 약자로 그래픽 처리 장치를 의미한다. 3D 그래픽을 묘사할 때 필요한 계산을 하는 칩으로, GPU가 그래픽을 처리하기 때문에 CPU가 다른 것을 신속하게 처리할 수 있다.

*** 1984년부터 1995년까지 《주간 소년점프》에 연재된 토리야마 아키라의 인기 만화. 호이포이 캡슐은 땅에 던지면 안에서 다양한 물건이 튀어나오는 손바닥 크기의 캡슐로, 이를 사용하면 커다란 집도 쉽게 들고 다닐 수 있다고 한다.

이동수단이 되겠죠. 자동차는 철로 만드는 게 상식이지만 충돌 시 움푹 들어가고 사람이 다치지 않게 개발한다면 도로 위에서 보행자와 뒤섞여 다녀도 위험성이 감소할 겁니다.

가토   그걸 접으면 크기가 얼마나 될까요?

가와하라   시판 배낭에 들어갈 정도의 크기입니다. 소재로는 가볍고 단단한 것과 순간적으로 힘을 낼 수 있는 것 등이 있는데요. 사실 이미 시판 중이면서 다른 용도로 사용되고 있는 소재를 재활용했어요. 그런 의미에서 실용화가 머지않았다고 생각합니다.

다키구치   원래 그 소재는 어디에 사용되고 있나요?

가와하라   공기를 넣으면 판상 형태가 되는 소재예요. 예를 들어 체육관에서 쓰는 매트에 사용됩니다. 카누와 서핑(스탠드업 패들)에도 사용되는 소재이지요.

에사키   인공위성의 파라볼라 안테나(parabolic antenna)*도 발사할 때는 접혀 있는데 우주 공간에 나가면 펼쳐지지요.

구로다   일본에서는 이전부터 접는 기술을 여러 방면으로 고안해왔어요.

가와하라   그렇습니다. 종이접기 같은 접는 기술과 아까 말한 프린터로

---

* 파라볼라란 포물선이라는 의미로, 중국식 프라이팬이나 밥그릇을 뒤집은 형태의 포물선 반사기를 지닌 안테나다. 일반적으로는 위성 방송 등 짧은 주파수의 전파를 수신하는 용도로 쓰인다.

만드는 회로는 상성이 매우 좋아요. 전자 회로와 태양광 패널도 프린터로 만들 수 있기 때문에 2차원으로 만든 걸 종이접기처럼 접어서 3차원으로 만들어 사용하는 방법을 연구하는 분야가 현재 뜨거운 관심을 받고 있습니다.

구로다 즉 '자동차 몸체는 철이어야 한다'고 단정하면 더 이상 발전을 기대할 수 없어요. 하지만 '유연해도 된다'는 발상을 하면 새로운 아이디어가 싹틉니다. 그 최적의 소재가 체육관에 있다는 게 흥미롭죠.

가토 그 소재는 얼마나 단단한가요?

가와하라 공기를 빵빵하게 넣으면 자전거 타이어만큼 단단해요. 하지만 좌석은 더 부드럽게 만들 수 있겠죠.

에사키 예를 들어 가위와 접착제를 사용해 입체 구조물을 만들면 이음새가 가장 약합니다. 하지만 이음새 없이 접이식으로 만들면 취약한 부분이 사라져요. 3D 프린터*로 만든 물체도 마찬가지입니다.

다키구치 접합 부분이 없으니까요.

에사키 그러면 이제까지 만들지 못했던 걸 실제로 만들 수 있어요. 재료가 있고 구조만 잘 만들면 자르거나 붙이지 않아도 물건을 만들 수 있는 겁니다.

---

* 컴퓨터의 3차원 디지털 데이터를 기반으로 그 물체를 실제로 만들어내는 기계다. 자외선을 비추면 경화하는 액체 레진을 사용하거나 소재 분말에 레이저 빔을 조사하여 소결시켜 만든다.

가토 인간으로 치면 급소가 없는 상태네요.

다키구치 결과적으로 제조업에도 변화의 바람이 불겠군요.

구로다 거시적인 관점이 없는 전문가는 이런 발상을 못해요. 기존 사물을 얼마나 더 빨리 움직일지, 얼마나 저렴하게 만들지에만 집중하거든요. 본인이 최적화할 수 있는 건 그게 전부니까요. 하지만 거시적으로 생각하면 모조리 근본적으로 바꾸어도 되겠다는 발상이 나옵니다. 그러면 다양한 답을 찾을 수 있겠죠.

다키구치 보통은 '자동차는 철로 만든다'에 의구심을 품는 경우는 드물지 않나요?

에사키 제가 '왜 자동차는 타이어로 움직일까?'라는 의문을 처음 품게 된 건 도로에 큰돈이 들어가기 때문인데요. 인프라에서는 도로와 다리 건설 비용이 매우 막대하거든요. 그리고 도로는 자동차가 타이어로 달리기 때문에 필요하고요. 그러면 하늘에서 달리거나 걷는 게 좋지 않을까 싶죠. 이런 식으로 생각하기 시작하면 인프라 디자인이 굉장히 달라집니다.

가와하라 유연한 로봇은 정말 흥미로운 연구 주제예요. 단단하면 방정식으로 전부 기술할 수 있어서 제어하기 쉽지만 유연하면 우리가 상정한 대로 가동하지 않기 때문에 수학적으로 어려워요. 그래서 하드 로봇(금속 같은 단단한 소재와 모터로 만든 로봇-역주)을 만드는 학회에 들고 가면 "힘이 안 나오네요", "정밀한 제어가 안 되네요"라는 이야기를 듣습니다. 그때 하드 로봇과 승부를 겨뤄야겠다는 생각이 들었죠. 용도를 고민하던 중에 나온 아이디어가 호이포이 캡슐입니다.

가토 로봇에 초점을 두었나요, 아니면 소재에 초점을 두었나요?

가와하라 저희는 IoT(사물인터넷) 다음 시대를 염두에 두고 있습니다. 훗날 3D 프린트가 제조의 근간을 바꾸고 전력이 무선으로 공급되는 시대가 오겠죠. 그러면 자연에 존재하는 초목과 곤충을 인공적으로 만드는 시대가 오지 않을까요? 그러한 생각이 새로운 재료들을 적극 수집하고 조합해 이제껏 본 적 없는 걸 만들어보자는 생각으로 이어졌지요. 몇 밀리미터의 작은 반딧불이 같은 것을 인공적으로 만들어 공중에 띄우면 재밌지 않을까 하는 상상에서 연구를 시작했습니다.

구로다 저는 가와하라 교수님과 사무실을 같이 쓰고 있는데요. 복도에 가와하라 교수님이 만든 실험 기기가 잔뜩 진열되어 있어요.

즐거운 마음이
최고인 이유

구로다   즐거우면 많은 사람이 흥미를 가지고 이를 통해 많은 아이디어가 나옵니다. 그러면 새로운 가치관이 보이지요. 예를 들어 방금 하신 호이포이 캡슐 이야기를 들으면 '자동차를 접을 수 있다면 주차비가 필요 없어지니까 경제적으로 편해지지 않을까?' 하는 생각이 떠오르면서 다양한 부수적 아이디어가 나옵니다. 그런데 처음부터 한 사람이 가치와 목표를 고정해두면 한 방향으로 갈 수밖에 없어요.

다키구치   즐거운 마음에서 연구가 시작되면 여러 사람이 관심을 가지고, 그게 다양성으로 연결되면서 이노베이션이 가속되겠네요. 아주 좋은 환경이 탄생할 것 같아요.

에사키   그때 중요한 건 '칭찬을 잘하는 것'이에요. 재밌다고 이야기해주는 거죠. 새로운 아이디어는 처음에 잘 풀리지 않는 경우가 많아요. 하지만 재밌다고 말해주면 다양성이 존중되면서 다들 의욕이 생기죠.

구로다   한 강연회에 참석했을 때 앞 강연자가 디지털 아트*를

---

* 컴퓨터 그래픽을 이용해 그린 일러스트, 디지털 카메라로 찍은 사진, 그 사진을 가공한 이미지 등 컴퓨터를 사용해 제작된 예술 작품을 가리킨다. 영상 작품과 입체 투영(프로젝션 매핑)도 포함된다.

이야기한 적이 있어요. 그런데 그 강연회의 청중은 예술 분야 관계자보다 제조업 관계자가 많았거든요. 디지털 아트 이야기를 하던 강연자에게 한 사람이 "그건 다른 것과 비교했을 때 어떤 장단점이 있나요?"라고 질문을 던졌어요. 제조업 강연에서는 이런 질문이 자연스럽거든요. 그런데 질문을 들은 당사자는 입을 떡 벌리더니 이렇게 대답했습니다. "저는 다른 것과 비교한 적이 없어요." 문화의 차이지요.

다키구치 예술 분야이니까요.

구로다 그 강연자는 "남과 비교하는 데 관심이 없다"라고 했어요. 사실 그런 유연한 마음이 중요합니다. 유연한 마음이 없으면 점점 경직되고 작아져요. 대학은 다양한 사람이 모이는 장소이기 때문에 유연한 마음을 유지하면서 재미를 느끼는 일을 해야 해요.

에사키 방금 하신 이야기를 듣고 사카모토 류이치* 음악가와 참여했던 행사가 떠올랐어요. 전 세계 뮤지션이 원격으로 오케스트라 및 현악 사중주 등을 연주하는 행사였죠. 그때 전 세계가 크다는 걸 실감했는데, 음이 지연돼서 연주를 맞추기가 무척 어려웠거든요. 저희 같은 범인(凡人)은 어떻게

---

* 작곡가, 피아니스트, 배우로 YMO(옐로 매직 오케스트라)라는 3인조 음악 그룹 멤버로도 활약했다(1952~2023). 일본인 최초로 아카데미 작곡상을 수상했으며 히트곡으로 〈전장의 크리스마스〉 등이 있다. 인터넷을 비롯한 최첨단 기술도 적극 도입하여 장르에 국한하지 않는 음악 활동을 펼쳤다.

하면 지연을 없애고 아름다운 음악을 연주할 수 있을지 기술적인 부분을 개선하려고 하잖아요. 그런데 사카모토 류이치는 '이런 환경이라면 새로운 음악이 탄생하겠다'며 재밌어했고 그 지연을 이용해서 새로운 음악을 만들기 시작했어요.

구로다 흥미롭네요. 역시 대단한 분이군요.

가와하라 제 프로젝트에도 아티스트가 몇 명 참여했는데요. 예술이 가진 힘의 본질은 '사람의 마음을 움직이는 것'이에요. 그건 감동이라는 긍정적인 감정이겠지만, 한편으로는 혐오감도 일류의 예술이에요. 논쟁을 불러일으켜서 더 좋은 것이 무엇인지, 모두가 원하는 것이 무엇인지 알아가는 게 중요합니다.

사실 호이포이 캡슐도 마냥 긍정적이지는 않아요. 예를 들어 가볍기 때문에 부딪치면 휙 날아갈 수 있거든요. 여러 가지 극복해야 할 장벽이 있지만 어쨌든 기존과 다른 시각을 가지면 새로운 길을 찾을 수 있지 않을까 합니다.

구로다 기술과 예술은 매우 중요한 관계를 맺고 있어요. MIT 미디어 랩에서는 두 가지를 모두 공부한다고 해요. 그 중요성을 파악하고 있는 것이지요.

에사키 미국 하버드대학교 비즈니스 스쿨은 말 그대로 비즈니스를 가르치는 곳인데 다수의 예술 작품도 전시되어 있다고 해요. 예술 감각이 있어야 경영을 잘할 수 있다는 의미가 아닐까요?

모든 것이 가능한
메타버스

다키구치   그럼 다음 주제로 넘어가겠습니다. 에사키 교수님의 주제 '메타버스에서는 모든 것이 가능하다'입니다.

에사키   모든 것이 대체되는 가상 공간이 바로 메타버스입니다. 식사 정도가 아니면 모든 일이 가능하지 않을까 싶어요. 메타버스는 기존에 없던 공간이기 때문에 성장 분야라고 할 수 있습니다.

그리고 또 한 가지 중요한 점은 메타버스에는 물리 공간의 제약이 없다는 겁니다. 예를 들어 빛*은 1초 만에 지구를 7.5바퀴 도는데 이 조건도 바꿀 수 있어요. 또한 중력을 10분의 1로 줄일 수 있고 투명인간도 될 수 있습니다. 물리적 제약이 거의 사라져서 나만의 규칙을 만들 수 있는 거죠. 이게 바로 실제 물리 공간에는 없는 이점입니다.

---

*   전자기파의 일종으로 1초에 약 30만 km의 속도로 이동한다. 우주 공간에서는 직선으로 이동하지만 공기와 물 등의 물질이 있는 곳에서는 반사, 흡수, 산란, 투과된다. 또한 빛은 파동 성질과 입자 성질을 동시에 지닌다.

메타버스에 새로운 화폐와 새로운 회사가 생길 수도 있고요. 현실 대부분을 복제할 수 있지만 단순히 복제만 하면 재미없기 때문에 메타버스에서는 복제 이상의 것을 만들려고 합니다.

다키구치 메타버스 말고 디지털 트윈(digital twin)이라는 개념도 있는데요. 현실 세계를 쌍둥이처럼 그대로 가상 공간에 만드는 기술을 말합니다.

에사키 디지털 트윈이 더 오래된 개념이에요. 한편 메타버스는 공간을 통째로 창조할 수 있어요. 그런 의미에서 메타버스는 사물보다 공간이 주역인 것 같아요. 메타버스에서 만든 것 중에서 필요한 부분만 물리 공간에 출력하거나 3D 프린터로 만들어낼 수도 있습니다. 메타버스와 물리 공간 사이에 3D 프린터가 출구로써 존재하는 것이죠.

다키구치 현실 세계가 메타버스 세계의 출구이군요.

에사키 이미 몇 가지는 시작되었어요.

구로다 디지털 트윈 동네를 만들어서 지금 이 순간에 누가 어디를 걷고 있는지 전부 투영할 수 있어요. 따라서 현실 공간의 위험성을 재현할 수 있습니다. 예를 들어 자동차 운전 중에 '지금 이 동네의 이 장소에서 사고가 났을 때 가능한 세 가지 회피책 중에서 무엇이

피해가 가장 적은지' 알아내고 만약 사고 후에 재판이 벌어지면 어떻게 될지도 판례에서 도출할 수 있어요. 그러면 '옵션A를 선택하는 게 피해가 가장 적다'는 결론을 밀리세컨드 단위로 계산할 수 있습니다. 바로 이런 일들이 곧바로 가능해지는 것이죠.

다키구치 디지털 트윈 세계는 현실의 물리 공간을 모두 투영할 수 있기 때문에 미래가 어떻게 될지 계산으로 예측할 수 있다는 말씀이군요.

구로다 그렇습니다. '여기서 핸들을 오른쪽으로 돌리면 전봇대와 부딪치는데 이때 어떤 책임이 발생하는가' 또는 '여기서 브레이크를 밟으면 뒤차와 부딪치는데 그러면 무슨 일이 발생하는가'를 순간적으로 계산할 수 있어요.

다키구치 가토 교수님께서는 디지털 트윈을 어떻게 생각하시나요?

가토 디지털 트윈은 물리적 세상을 디지털 공간에 만든 것이기 때문에 물리 공간의 제약이 그대로 동일하게 영향을 줍니다. 그래서 전력이 많이 필요하겠지요. 제약이 있는 만큼 여러 가지를 계산해야 하니까요. 하지만 메타버스는 물리 공간의 제약이 없어서 손쉽게 다양한 세계를 만들 수 있을 거라 생각해요.

그리고 장래에는 세 가지 세계가 형성되지 않을까 합니다. 현실의 물리 세계, 현실의 구조물과 제약이 남아 있는 디지털 트윈 세계, 그리고 구조물과 제약이 없는 메타버스 세계입니다.

다키구치 현실과 디지털 트윈, 메타버스가 그러데이션처럼 형성되는 세상이네요.

구로다 가상 공간에 물리 모델을 만드는 건 어렵긴 하지만 계산할 수 있어요. 우리가 계산하지 못하는 건 인간의 행동입니다. 예를 들어 지금 여기서 가토 교수님과 제가 무슨 이야기를 꺼낼지 아무도 계산할 수 없죠.

잠시 다른 이야기를 해보자면 팬데믹으로 원격 근무가 확산되었는데요. 아침에는 미국 동부 사람과 온라인으로 소통하고 그다음에 미국 서부 사람과 대화한 뒤 점심을 먹고, 이후 아시아 사람과 이야기했다가 밤에는 유럽 사람과 대화할 수 있어요. 불과 몇 초 만에 공간을 전환할 수 있는 거죠.

그런데 시간을 초월하기는 어려워요. 국제회의에서 패널 토의를 할 때 우리에게 할당되는 시간은 밤 0시에서 2시 정도입니다. 보통은 자고 있을 시간이니까 무척 졸리고 토의할 힘도 생기지 않아요. 그래서 그 시간에 자면서 패널 토의에 참가하는 방법은 없을까 고민해봤어요.

다키구치 그건 어떤 기술을 통해 실현할 수 있을까요?

구로다 IoT가 존재하니까 IoB(행동인터넷)도 존재할 수 있지 않을까,

자고 있는 동안 토의할 수 있다면 시간을 초월할 수 있지 않을까 생각했어요. 예를 들어 회의 시간대에 맞춰서 렘 수면을 할 수 있도록 수면 리듬을 제어하는 겁니다. 렘 수면 동안에는 뇌가 활발하게 활동하기 때문에 뇌가 인터넷에 연결되어 있으면 토의도 가능합니다.

자는 동안에도 활동할 수 있다면

에사키   그 이야기와 연결되는 게 바로 전용 칩입니다. 구로다 교수님의 뇌를 빌리면 24시간 대응할 수 있으니까요.

구로다   그런데 문제는 아침에 일어나면 자신이 무슨 이야기를 했는지 기억하지 못한다는 거예요. 항의 메일이 엄청 많이 쏟아질 수도 있어요. 그러면 잠결에 실수했다고 사과해야겠죠. (웃음)

가와하라   어느 뇌과학자가 뇌 활동은 전기 자극에 불과하기 때문에 전부 모델링하면 뇌를 재현할 수 있다고 말한 적이 있어요.

가토   '24시간 중에 깨어 있는 시간은 물론이고 자고 있는 시간에도 스스로 활동할 수 있을까? 또한 내 복제본을 물리적으로 하나 더 만들어서 활동하게 하는 것이 좋을까?

아니면 디지털 세계에 내 복제본을 만들어두고 동일한 내용을 학습시키는 게 좋을까?' 하는 논점도 탄생하겠지요.

구로다 수면 리듬을 제어할 수 있는 시대가 곧 도래하리라 생각해요. 우리는 이미 공간을 초월했으니 그다음 단계인 '시간 초월하기'는 말 그대로 시간문제가 아닐까 싶어요.

에사키 역으로 생각하면 애초에 시차가 있어서 발생한 어려움이기 때문에 모두가 표준 시간에서 생활하면 된다는 발상으로 이어질 수 있죠.

가토 메타버스라면 햇빛 문제도 없겠네요.

에사키 생체 시계를 맞추기 위해 햇빛을 인공적으로 비추면 되니까요.

구로다 생체 리듬을 제어할 수 있는 시대가 머지않은 것 같아요.

에사키 해외 출장지에 갔을 때 계속 호텔에만 틀어박혀 있으면 생체 시계가 시차에 좀처럼 적응하지 못합니다. 식사하고 골프를 치며 움직여야 생활 리듬이 그 지역에 겨우 맞춰져요.

구로다 모두가 한 번쯤 표준시 0시에 모여서 그 시간대에 몸을 적응시키고, 그 후 모든 것을 차단하여 메타버스에서 살아간다면 어떻게 될까요?

참고로 인간이 이렇게 숙면할 수 있게 된 건 산업혁명[*]
이후라고 해요. 산업혁명 이전에는 언제 무슨 일이
일어날지 몰라서 푹 잠들지 못했으니까요.

10년 후에 살아남는 건
국가인가, GAFA인가?

다키구치   이번에 이야기할 주제는 에사키 교수님이 제시한 '10년
후에 살아남는 건 국가인가, GAFA[**]인가?'입니다.

에사키   GAFA는 디지털 공간과 가상 공간을 장악하고 있는 빅
플레이어라는 의미에서 사용한 단어인데요. 제가 왜 이
주제를 제시했는가 하면, 우리는 제약이 있는 물리 공간에
사는 사람들의 집합체를 국가라고 합니다.

가토   물리 공간은 토지이지요.

에사키   그렇습니다. 그동안 기업은 토지의 제약을 크게 받았어요.
예를 들어 본사를 어떤 국가에 둘지에 따라 조세 규칙이
달라지거든요. 그런데 세계적으로 활약하는 기업이

---

[*] 18세기 후반에 영국에서 시작된 기술 혁신과 사회 변화. 기계와 증기 기관이 확산되어 공장 시스템이 보급되었고 경제 중심이 농업에서 공업으로 이전했다. 한편 공장을 경영하는 자본가가 노동자를 혹사하는 등의 문제도 발생했다.

[**] 구글(알파벳), 애플, 페이스북(현 메타), 아마존의 두문자어로 미국을 대표하는 거대 IT기업 4개사를 가리킨다. 최근에는 마이크로소프트를 넣어서 'GAFAM'이라고 부르기도 한다. 또한 페이스북을 제외하고 테슬라와 엔디비아를 넣어 'MATANA'라고 부르는 경우도 있다.

나타났고, 지금은 가상 공간에서도 기업이 확산되고 있어요. 5~6년 전부터 이미 일어나고 있는 일이지요.

다키구치 가상 공간에 기업이 진출하고 있지요.

에사키 네. 그 말인즉 회사 설립 때 물리적인 본사가 필요 없다는 뜻이에요. 사장은 가토 교수님이고 CFO(최고재무책임자)는 구로다 교수님으로 정하기만 해도 회사를 만들 수 있어요. 회사는 더 이상 토지에 기반하는 집단일 필요가 없습니다. 그렇다면 회사를 국가로 바꿔 생각해보면 어떻게 될까요? 국가는 토지에 기반하는 집단인데 이 제약이 없어지면 더 이상 장소에 구애받지 않겠죠. 가상 공간에 국가를 만들어도 되고 우주에 국가를 만들어도 되니까요. 가상 공간의 국가에도 화폐가 필요하겠지만 그건 이미 (비트코인 등을 통해) 시작되었고요. 향후 가상 공간에서 경제 활동이 이루어지고, 국가와 동일한 무언가가 만들어지리라 생각합니다. 그 최초의 계기가 GAFA이지 않을까요? 그러면 '국가란 무엇인가'라는 질문이 재차 대두하겠지요.

다키구치 국가는 물리적 토지와 결합되어 있고 자국의 화폐를 보증하는 존재이기도 하지요.

가토 국가에는 법률과 종교도 있어요. 하지만 인터넷 세계에도 이미 그런 것들이 존재합니다.

에사키 그리고 국가에는 복지가 있어요. 즉 시민권을 보유하면

	입출국과 생활 보장 등 다양한 권리를 가지게 됩니다. 그게 바로 시민권이자 국적의 의미인데 한편으로는 이제 국적이 필요 없다고 여기는 사람이 증가하고 있는 것 같아요.
다키구치	인터넷에 국가 같은 게 생겨도 이상하지 않을 상황이라는 말씀인가요?
에사키	벌써 생기고 있어요. 아까 이야기한 메타버스 등이 그 예입니다.
가와하라	현실 국가 중에서는 에스토니아가 전자 정부에 힘을 쏟고 있어요. 외국 국적자도 등록할 수 있는 eID 카드[*], 전자 영주권(e-Residency)[**] 등을 시작했죠.
가토	현재 우리가 돈을 버는 방법에는 여러 가지가 있는데 아르바이트든 정직원이든 기본적으로 고용 관계를 맺습니다.
에사키	맞습니다. 고용은 기본적으로 계약이에요. 즉 '내 능력을 제공할 테니 보수를 달라'는 것이지요. 그 보수에 해당하는 것이 돈이고, 국가가 그 돈에 적힌 숫자를 보증합니다.
가토	주식에 가까운 개념이네요.
에사키	그렇습니다. 주식에 가까운 개념이라고 가정한다면, 사실

[*] 에스토니아에서 널리 보급되었으며 국내외에서 도입되는 전자 인증 시스템 사례로 주목받고 있다. 전자 인증 및 서명으로 공공 온라인 서비스에 접속하고 전자정부 서비스를 이용할 수 있도록 했다.

[**] 에스토니아에서 2014년부터 시작된 제도로 외국인도 절차만 밟으면 에스토니아의 전자 영주권을 획득할 수 있다. 전자 영주권 소지자는 행정 서비스를 받거나 은행 계좌를 개설할 수 있어 창업도 가능하다. 일반 영주권과는 다르기 때문에 실제로 거주하려면 별도의 절차가 필요하다.

	그 숫자를 꼭 국가가 보증하지 않아도 되죠. 기업이 보증해도 되고요.
가토	예를 들어 비트코인은 주식과 비슷한 위치까지 올라섰잖아요.
에사키	맞아요. 비트코인이 흥미로운 건 그 가치를 계산이 보증하고 있다는 겁니다. 계산에는 에너지가 필요해요. 다시 말해 비트코인의 가치는 에너지를 빼놓고 이야기하기 어렵습니다.
다키구치	비트코인은 계산(마이닝)을 해준 사람에게 부여되지요.
에사키	네. 달리 말하면 비트코인은 에너지를 많이 보유한 사람이 가장 강력하다고 할 수 있습니다.
구로다	방금 하신 말씀을 듣고 떠올린 건데요, 기존의 물리 공간과 대비되는 가상 공간이 탄생했고 이 가상 공간에 국가 같은 새로운 조직이 생긴다는 건 이해할 수 있어요. 하지만 가상 공간이 물리 공간의 제약에 기반한 이상, 결국 현실과 동일하게 자원 경쟁이 발생하지 않을까요? 한편 이 가상 공간에 독재자가 나타나서 모든 데이터를 신뢰할 수 없는 형태로 운용하면 어떻게 될까요? 현재 민주주의 체제에서 어떻게 보호할 수 있을까요? 위험성을 내포하는, 매우 어려운 문제인 것 같습니다.
에사키	맞습니다. 그래서 현재 가상 공간에서 막강한 힘을 가지고

	있는 GAFA 같은 회사의 주식이 독단적으로 통제할 수 있는 형태로 되어 있는 건 커다란 문제예요.
다키구치	구로다 교수님의 말씀은 인터넷 세계도 현실 세계의 제약에 영향을 받는다는 거군요.
가토	실리콘이든 산화 갈륨이든 반도체는 확실히 물리적 제약의 영향을 받으니까요. 통신도 마찬가지예요. 통신하려면 기지국이 필요한데 기지국 위치도 통신에 영향을 줍니다.
구로다	어디에 데이터 센터가 집중되어 있는지도 그렇고요.
에사키	그건 부동산 문제이지요. (웃음)
가토	그래서 부동산은 메타버스와 현실 세계를 잇는 하나의 지점이 될 수 있어요.
에사키	또 흥미로운 건 한때 비트코인 마이닝(암호화폐 거래에 필요한 계산 처리에 협력하고 그 보수로 비트코인을 받는 것)의 절반 이상이 중국에서 이루어졌어요. 하지만 중국에서 마이닝이 금지되자 마이닝 업자들이 중국 서쪽에 있는 국가로 이동한 바람에 그 국가에서는 전력이 부족해지면서 전력 가격이 상승하여 어려움을 겪었다고 합니다.
가토	메타버스가 파괴된다면 그 원인으로 가상 공간의 파괴도 있겠지만 데이터 센터 파괴도 있겠네요.
다키구치	그렇군요. 그런데 아까 국가 이야기를 하시면서 메타버스 외에 우주에도 국가가 생길 수 있다고 말씀하셨잖아요.

	우주에는 어떤 국가가 생길 거라고 예상하시나요?
에사키	자본주의가 성장하려면 새로운 개척지가 중요해요. 그래서 우주 공간이 새로운 개척지로 떠오르면 그곳에 새로운 국가가 탄생할 수 있겠죠. 현재는 공해, 공공(公空), 우주 공간에 국가 개념을 도입하지 않기로 했지만 '우주 공간이 내 영역'이라고 주장하는 사람이 나타날 가능성은 있습니다.
가토	〈기동전사 건담〉의 지온 공국(스페이스 콜로니 국가)*이 그렇죠.
에사키	국가가 아니더라도 기업이 나타날 수도 있고요.
다키구치	아마존 창업자 제프 베이조스와 버진 그룹 창업자 리처드 브랜슨은 이미 우주로 진출하고 있지요.
구로다	만약 우리 몸속에 생존을 위해 프로그래밍된 '개척 정신'이 있다면 유럽에서 미 대륙으로 간 것처럼 지구에서 우주로 향하는 건 필연이겠지요.
가토	게다가 우주로 가면 에너지 효율도 좋아지니까요.
가와하라	우주까지 가지 않아도 해상에 독립국가를 건설하려던 움직임도 있었어요.
에사키	그래서 국가란 무엇이냐는 질문이 제기되는 겁니다. 실질적으로는 유엔(국제연합)에서 국가로 승인받으면 되거든요.

* 애니메이션 〈기동전사 건담〉 시리즈에 등장하는 가상 국가로 달 뒷면에 있는 스페이스 콜로니 40기로 구성되어 있다. 샤아 아즈나블이라는 등장인물은 이 시리즈에서 처음에 지온 공국의 우주공격군 소좌로 소개된다.

모든 것을 GAFA에 맡겨도 괜찮을까?

다키구치   방금 국가에 대해 이야기를 나누었는데요, '살아남는 건 국가인가, GAFA인가?'라는 주제로 돌아가서 GAFA에 대해 어떻게 생각하시는지 이야기를 더 들어보고 싶습니다.

에사키   국가는 커지기도 하고 작아지기도 하고 또는 사라지기도 합니다. 그런 맥락에서 보면 GAFA도 마찬가지예요. 지금의 패권을 영구적으로 쥐고 있긴 어렵죠. 또한 어떤 조직이 지나치게 강력해지면 당연히 무언가를 해서는 안 된다는 제한이 가해집니다. 그리고 그 과정에서 새로운 조직이 나타날지도 모르고요. 그러므로 현재 GAFA의 구도는 언젠가 변화를 맞이하겠죠. 이건 국가로 말하자면 국경이 변경되는 것과 같아요.

가토   신뢰성 문제도 있어요.

에사키   맞습니다. GAFA 같은 테크 자이언트(거대 글로벌 플랫폼 기업-역주)를 둘러싸고 '과연 입수한 데이터를 올바르게 사용하고, 혹시 정보를 통제하진 않을까?' 하는 대중의 경계심이 커지고 있어요.

가토   다만 관련 테크놀로지를 잘 모르는 일반인은 GAFA에 전부 맡겨도 된다고 생각할 수도 있습니다.

다키구치 편리성 측면에 초점을 두면 그렇게 생각할 수 있지요.

가와하라 이제껏 디지털이 자신의 생활권 내에서 완성되었기 때문에 그렇게 생각해도 괜찮았지만 팬데믹 이후 흐름이 달라졌습니다. 예를 들어 국민을 강력히 통제하는 국가에서는 국민의 행동을 낱낱이 모니터링했어요. 옆 동네에 가거나 어떤 시설에 들어가는 것도 하나하나 확인받았고 감염자 자택에 빨간 마크가 표시되었으며 그전에는 자유롭게 출입하던 장소에 들어가지 못하는 경우도 있었어요. 이처럼 디지털이 사람들에게 물리적으로 영향을 준다는 게 널리 알려지면 그 현실성과 중대성에 대한 논의가 발생할 겁니다.

에사키 최종적으로는 사용자가 얼마나 자유롭게 발언하고 행동할 수 있는지에 달려 있어요. 그게 민주주의이니까요.. 이때 국민 개개인이 전용 에너지, 전용 반도체를 소유한다면 권력과 투쟁할 수 있는 중요한 수단이 되지 않을까 싶어요.

구로다 아까도 잠시 언급되었지만 '큰 것이 제일'이라는 사고방식은 공업화 사회에서 규격화된 제품을 대량 생산하여 국가 수준을 끌어올리던 시대에는 유효했어요. 그러나 저마다 각각의 가치관으로 풍족한 인생을 살아가는 시대에는 유효하지 않습니다. 그러므로 GAFA가 자본 경쟁을 하는 동안에는 괜찮겠지만 먼 미래에는 몸집이 큰 소수의 플레이어보다는 몸집이 작은 다수의 플레이어가 있어야 혁신이 일어날 겁니다. 그리고 그게 더 발전성이 있고요.

가토 국가 차원에서는 GAFA 같은 기업이 데이터를 올바르게 사용하고 있는지, 정보를 통제하고 있는 건 아닌지 우려할 수밖에 없어요.

에사키 기업의 수장이 독재자처럼 정보를 통제한다면 개인의 의견이 억제되겠죠. 개인이 의견을 자유롭게 표현할 수 있도록 담보할 필요가 있습니다.

가토 조금 전에 나온 이야기인데요, 대중 입장에서는 GAFA의 서비스가 편리하니 '데이터를 약간 제공하는 정도라면 기업이 활용해도 괜찮다'고 생각하기 쉬워요. 국가는 전력 이용을 제한하는 식으로 그들을 통제할 수는 있겠지만 역으로 GAFA가 스스로 에너지를 보유하게 된다면 그들을 무엇으로도 막을 수 없을 겁니다.

에사키 맞아요. 하나의 조직이 모든 걸 통제하는 형태가 되어서는 안 돼요. 그래서 회사를 분할하는 발상이 생기는 거지요. 예를 들어 일본 방송 업계는 정보 전달을 맡는 회사와 콘텐츠 제작을 맡는 회사가 일체화되어 있는데 미국은 분리되어 있어요. 일체화된 회사의 권력을 지닌 사람이 양심적이라면 괜찮겠지만 만약 그 자리를 차지한 사람이 악인이라면 부정 방지 시스템을 구축해야 하거든요.

다키구치 구글의 기업 행동 규범에 '사악해지지 말자'(don't be evil)라는 항목이 있는 건 그만큼 본인들이 지닌 힘을 자각하기 때문일까요?

구로다 행복과 즐거움의 문제도 있겠지요. GAFA의 목표는 각각 다르겠지만 어쨌든 기업은 사람들의 마음을 사로잡지 않으면 망할 수밖에 없으니까요.

다키구치 사람들의 마음을 사로잡는다는 건 어떤 의미인가요?

구로다 누군가 독점하거나 특정인의 의향에 따라 변화하는 세상에 사는 게 과연 즐거울까요? 다양성을 인정하지 않아도 되는지, 위기관리는 어떻게 하고 있는지, 비상시에 어떻게 효율적으로 대처할지, 경제 합리성을 얼마나 추구할지, 얼마나 저렴하고 편안하게 생활할 수 있는지 등 추구해야 할 사회 형태는 각각 조금씩 다를 수 있어요. 그러나 최종적으로 즐겁고 쾌적하며 행복한 사회라는 한 지점으로 향하겠지요.

다키구치 사용자도 편리성뿐 아니라 진정한 행복이 무엇인지 의식할 필요가 있다는 말씀이군요.

대담을 마치며

이 장에서 구로다 교수님께서는 "즐거우면 많은 사람이 흥미를 가지고 이를 통해 많은 아이디어가 나온다. 그러면 새로운 가치가 보인다"라고 말하셨습니다. '즐거움 → 다양한 사람이 모임 → 수준 높은 연구 탄생 → 즐거움'이라는 사이클을 구축하고자 할 때 즐거움을 만들어내는 방법은 타인과 재미를 공유하는 자리를 마련하는 것입니다. 학계의 연구 성과를 대중과 공유할 수 있는 자리가 늘어나면 좋겠지요.

도쿄대학교 공학부는 메타버스 공학부를 설립하여 중고등학생과 사회인에게 온라인으로 배움의 기회를 제공하고 있는데, 대학 외에 제가 생생한 배움터로 주목하고 있는 곳은 서점입니다. 서점이야말로 가장 가까운 곳에서 '앎'을 즐길 수 있는 장소가 아닐까 합니다. 그러나 현재 서점은 급격히 줄어들고 있습니다. 대학이 서점을 지식의 테마파크 같은 즐거운 공간으로 만들 수 있으면 좋겠네요. 그리고 서점 행사를 통해 연구자가 연구 성과를 직접 공유하면 대중의 반응이 연구에 동기를 부여하고 다음 비전으로 연결되어 연구가 한층 더 즐거워지지 않을까요?

소통이 흥미로운 이유는 해결해야 할 새로운 주제와 사회 과제가 자연스럽게 모아진다는 데 있습니다. 사회와 쌍방향 소통하는 연구실은 즐거움과 재능, 아이디어를 더 많이 모을 수 있을 겁니다. 연구에서 즐거움을 추구하는 것은 향후 대학의 발전에 있어서도 논의해볼 만한 중요한 주제입니다.

다키구치 유리나

지식 거인들의 Q&A

Q **최근 관심이 가는 사물이나 현상이 있나요?**

레키모토 저는 오로지 AI 발전에 관심이 있어요. 어디로 향할지 모르는 채 제트코스터에 계속 타고 있는 느낌이에요.

고다 제 두 아들(7세와 5세)입니다. 아이들은 새로운 사고방식과 고정관념을 뒤집는 생각들을 전해줘요. 옛 학자들보다 초등학생, 유치원생과 교류하는 게 더 즐겁고 기분 전환이 됩니다.

에사키 데이비드 그레이버가 지은 『부채, 첫 5000년의 역사』라는 책입니다.

구로다 2023년에 읽은 책 중 가장 좋아하는 것은 짐 매켈비의

『언카피어블』입니다. 2022년 챗GPT가 나왔을 때 그걸 칩 설계용으로 사용할 수 있겠다는 직감이 들었죠.

가와하라 챗GPT를 비롯한 생성 AI입니다. 등장하자마자 전문가와 대중에게 큰 충격을 준 기술은 이제껏 없지 않았나 싶어요. 기술적 배경뿐만 아니라 사회적 반응에도 관심이 갑니다.

나카스카 엔트로피(자연 물질의 변형으로 원래 상태로 환원되지 못하는 현상-역주)가 굉장히 궁금해서 관련 서적을 많이 읽고 있어요. 지구온난화, 환경 오염, 에너지 문제를 비롯한 지구적 규모의 과제들이 폐쇄계(주위와 물질 교환은 하지 않으나 에너지 교환을 할 수 있는 계-역주)인 지구의 엔트로피 증대에 기인하는 바가 크다고 통감하면서 이를 어떻게 해소할지 살펴보는 것이죠. 지구가 그만큼 위기에 놓여 있다고 할 수 있습니다.

도타니 중국 고전 『노자』를 읽었어요. 『논어』 등 기타 중국 고전과 달리 자연에 대한 통찰이 자연과학 및 물리학과 일맥상통하여 무척 재밌었습니다.

신쿠라 연구에 관한 이야기를 다룬 『코드 브레이커』라는 책입니다.

도미타 NHK 드라마 〈란만〉(2023년)과 (주인공의 실제 모델인) 마키노 도미타로입니다. 그걸 보고 생물학의 기본은 수집과 분류이며 관심 분야에 열정을 계속 쏟는 게 중요하다는 것을 깨달았어요.

Q   나만의 연구 규칙이 있다면 알려주세요.

레키모토   시행착오 사이클을 가속화하는 것입니다. 아무리 이상한 거라도 머릿속에 떠오르면 일단 메모해요. 그리고 검색합니다(최근에는 AI 계열 검색 툴과 챗GPT도 사용).

고다   파블로 피카소의 명언 "모든 창조 행위는 파괴에서 비롯된다"를 실천하기 위해 노력하고 있어요. 대부분 외부의 비판이 두려워 파괴하기를 망설이지만, 저는 비판에 겁먹지 않고 파괴를 통해 새로운 걸 창조하고 싶습니다.

에사키   왼손에 연구, 오른손에 운용입니다.

구로다   규칙은 딱히 없는데 취침 시간에도 생각에 빠질 정도로 무언가에 사로잡혀 있을 때가 행복합니다.

가와하라   하나의 전문 영역을 고집하지 않고 일정 기간마다 의식적으로 영역을 횡단하려고 해요.

나카스카   문제를 명확히 인식하고 되도록 주변 지식을 습득하면서 밤낮 어느 때든 가리지 않고 철저하게 고찰합니다. 그렇게 했더니 몇 주 후에 답이 나온 적이 몇 번 있었어요.

도타니   세상에서 저만 할 수 있는, 저 혼자만 할 것 같은 연구를 하고 싶어요.

신쿠라   포기하지 않는 것, 그리고 타인의 데이터와 논문을 쉽게 믿지 않는 것입니다.

도미타   일해야 할 때는 일하고, 놀아야 할 때는 노는 것입니다.

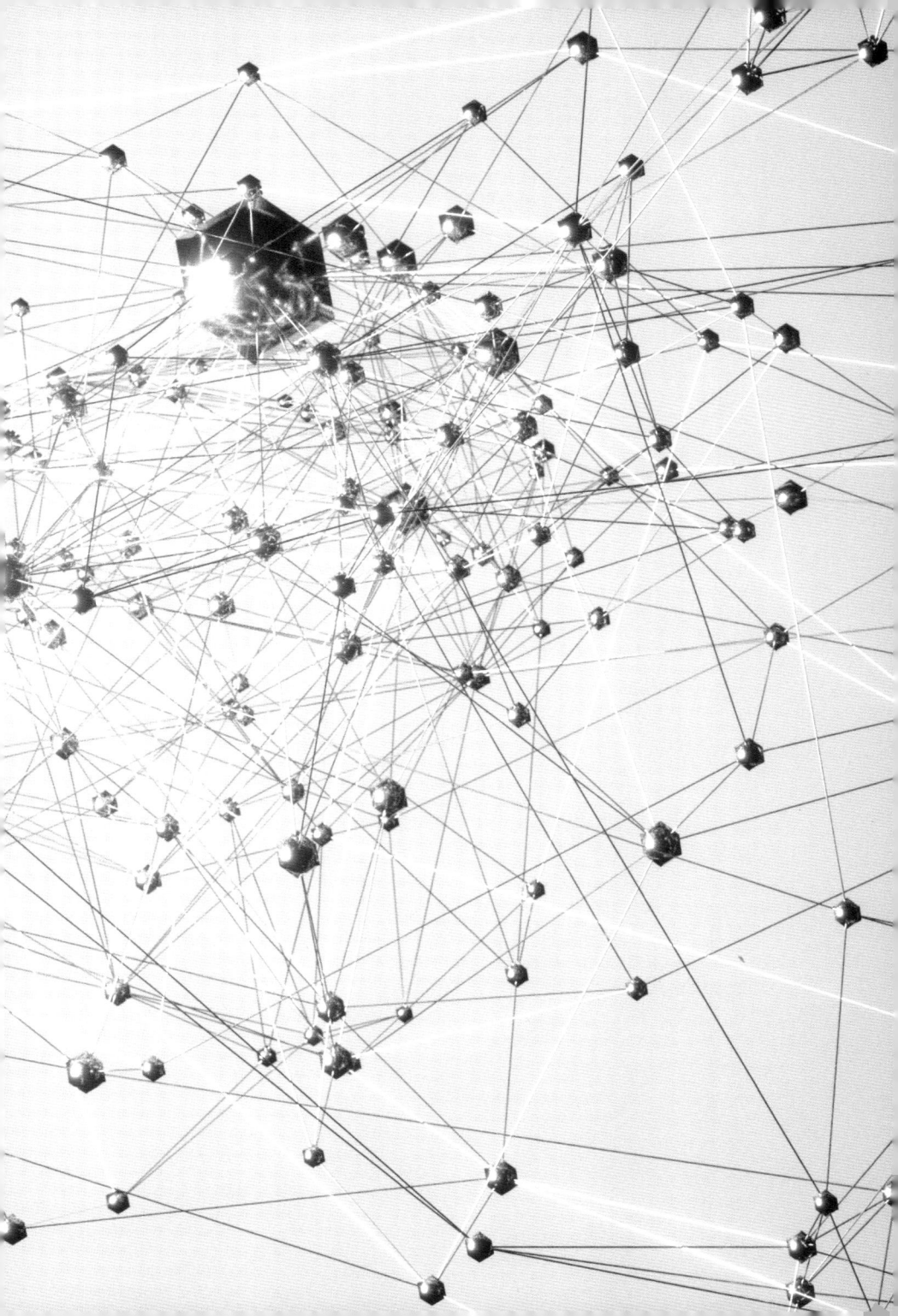

나카스카 신이치 × 도타니 도모노리 × 에사키 히로시

세 번째 큰 주제는 바로 우주입니다. 이번 대담에 참여하는 항공우주공학의 1인자 나카스카 신이치 교수님은 학생 주도의 초소형 위성 프로젝트를 진행하고 있으며 벤처 창업가 등 우주 개발의 최전선에서 활약하는 제자를 많이 둔 것으로 유명합니다. 나카스카 교수님이 그리는, 소형 위성이 초래할 미래는 어떤 모습일까요?

두 번째 참여자는 도타니 도모노리 교수님입니다. 최첨단 천문학에 종사하는 연구자로서 인공위성에 대한 솔직한 생각을 털어놓았고, 아울러 잘 알려지지 않은 우주의 난제를 꺼내 호기심을 자아냈습니다.

마지막으로 Part 2에 이어 이번 대담에도 등장하는 에사키 히로시 교수님은 '우주 공간은 누구의 것인가?'라는 근원적인 질문을 던졌습니다. 그리고 현 우주법의 문제와 거기에서 파생되는 사업 가능성을 언급했습니다.

더불어 알베르트 아인슈타인의 천재성과 소행성 충돌, 우주 미스터리의 열쇠인 암흑에너지 등 SF 같은 우주의 미래에 대해 세 지식 거인이 종횡무진 이야기 보따리를 풀었습니다. 무려 신이라는 주제까지 나오는 걸 듣고 있으니 우주 공간에 있는 것처럼 신비로운 느낌이 들었습니다. 당장 내일이라도 주위 사람들과 대화를 나눠보고 싶은 주제가 가득한 대담이었습니다.

PART 3

우주 시대

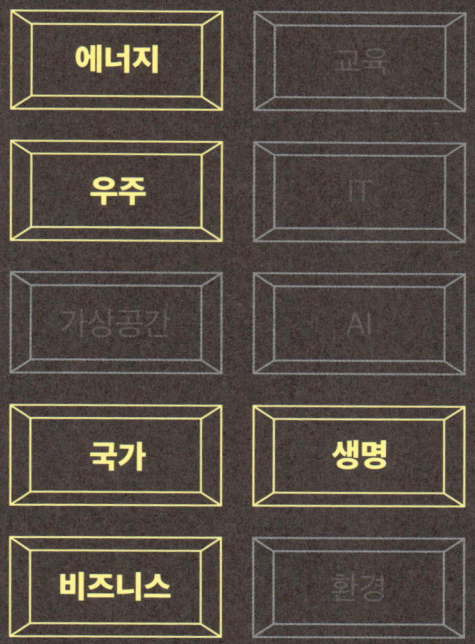

다키구치	이번 의제는 우주입니다.
가토	우주는 현재 연구와 비즈니스 분야에서 뜨거운 주제이며 많은 사람이 관심을 보이고 있어요.
다키구치	이번 대담에는 나카스카 신이치 교수님, 도타니 도모노리 교수님, 에사키 히로시 교수님이 참여해주셨습니다.
가토	나카스카 교수님은 항공우주업계의 초대형 거물입니다. (웃음) 연구뿐 아니라 벤처 기업과 로켓 등 폭넓은 분야에서 활약하고 계시지요.
다키구치	우주비행사 야마자키 나오코*가 나카스카 연구실 출신이죠. 그리고 도타니 교수님은 천문학 전문가입니다.
가토	우주로 가는 방법에 대한 이야기도 흥미롭지만,

*   1970년생, 지바현 출신. 도쿄대학교 대학원 공학계 연구과 항공우주공학 전공 석사 과정 후 JAXA(일본 우주항공연구개발기구)를 거쳐 2010년 4월 국제우주정거장에 도착해 조립 미션 등을 수행했다. 도쿄대학교 나카스카 연구실에서 비상근 연구원으로 근무한다.

개인적으로는 '우주는 어떤 모습인지' 연구하는 도타니 교수님의 전문 분야도 기대됩니다.

다키구치 그리고 에사키 교수님께서 이번 대담에도 참여해주셨어요. 잘 부탁드립니다. 사전에 교수님들께 한 분씩 '10년 후 인류와 우주는 어떻게 될까?'에 대해 여쭤봤는데요, 그중에서 흥미롭고 인상적이었던 발언을 골라 주제로 선정했습니다. 우선 나카스카 교수님의 주제 '민간 주도의 우주 개발 시대'입니다. 나카스카 교수님, 설명을 부탁드려도 될까요?

민간 주도의 우주 개발 시대

나카스카 현재 우주 개발은 정부가 중심이 되어 대기업과 함께 추진하고 있는데 향후에는 민간 기업이 제 힘으로 우주 개발을 척척 진행하고 민간 기업이 얻은 성과와 서비스를 정부가 구매하는 시대가 올 겁니다. 우주여행이 그중 하나가 되겠지요. 블루 오리진[*], (일론 머스크가 설립한)

---

* 아마존 공동 창업자인 제프 베이조스가 설립한 미국의 항공우주기업으로 주로 유인 우주선을 개발한다. NASA(미국항공우주국)는 유인 달 탐사 계획 아르테미스에 사용할 달 착륙선을 개발할 기업으로 블루 오리진을 선정했다.

스페이스X, 버진 갤럭틱* 3사가 각각 우주여행 사업화에
성공했습니다.

그리고 이전에는 국제우주정거장(ISS)**에 우주비행사를
보내는 주체가 NASA(미국항공우주국)***였는데 지금은
스페이스X의 유인 우주선 크루 드래곤(Crew Dragon)****이
보내고 있습니다. 일본인으로는 노구치 소이치*****, 호시데
아키히코****** 우주비행사가 탑승했지요.

노구치 우주비행사가 지구로 귀환한 뒤에 들은 말인데,
크루 드래곤은 기존 우주선과 구조가 완전히 달라서
기기들이 어수선하게 뒤섞여 있는 게 아니라 대부분 터치
패널로 되어 있다고 합니다. '우주여행 시대에 걸맞은
우주선'이라며 감동받은 모습이었어요. 이처럼 민간 기업이
우주 개발을 척척 진행하고 있습니다.

그리고 국제우주정거장도 노후화가 심해져서 대체해야

---

*   Virgin Galactic. 버진 그룹 회장인 리처드 브랜슨이 설립한 항공우주기업이다. 2023년 6월 상업 우주여행 임무에 성공했으며, 그해 8월에는 첫 민간인 우주여행을 성공시켰다.

**   지상에서 약 400km 상공에 있는 유인 실험 시설이다. 미국, 러시아, 유럽, 캐나다, 일본의 공동 프로젝트로 1998년 건설이 시작되어 2011년에 완성되었다. 우주 환경을 이용한 여러 실험 및 연구가 장기간 실시되고 있다.

***   1958년에 설립된 우주 개발 및 우주 연구를 담당하는 미국 정부 기관이다. 1969년에 인류 최초로 달 표면 착륙에 성공했다. 그 후에도 화성 탐사, 국제우주정거장 개발 및 운영 지원 등도 실시하고 있다.

**** 일론 머스크가 설립한 스페이스X사의 유인 우주선이다. 무인 우주선 드래곤을 바탕으로, 우주비행사를 국제우주정거 장에 운송하기 위해 개발했다. 세계 최초의 민간 유인 우주선이다.

***** 1965년생, 가나가와현 출신. 도쿄대학교 첨단과학기술연구센터 특임 교수. 2005년에 우주왕복선으로 국제우주정거 장 조립 임무에 참가했다. 2009~2010년에 국제우주정거장에 약 5개월 반 체류했고 2020~2021년에도 약 5개월 반 체류했다. 3번의 우주비행 경험을 보유하고 있다.

****** 1968년생, 도쿄도 출신. 2008년 우주왕복선에 탑승하여 국제우주정거장에 다녀왔다. 그 후 2012년에는 소유스 우주 선, 2021년에는 크루 드래곤에 탑승하여 국제우주정거장에 체류했다. 3번의 우주비행 경험을 보유하고 있다.

	하는데요(2030년 운용 종료 예정). 뒤를 이을 우주정거장의 개발을 민간 기업이 담당하기로 했습니다.
가토	우주정거장도 민간 기업이 만드는군요.
나카스카	그렇습니다. 이미 투자가 진행되고 있어요. 우주여행을 제공하는 회사와 우주정거장 일부를 만들었던 회사 등이 우주정거장 건설에 나섰죠. 우주 여행자가 체류할 우주정거장 호텔 건설도 상정되어 있을 겁니다. 현재 우주 개발의 기세가 엄청납니다.
다키구치	국제우주정거장 운용이 2030년에 끝난다는 뉴스를 듣고 놀랐어요. 이제까지 우주 개발은 국가들이 협력하여 진행한다는 이미지가 있었는데 왜 바뀌었을까요?
나카스카	해야 할 일이 점점 많아져서 국가 예산만으로는 더는 충당할 수 없기 때문입니다. 사실 우주정거장에 그렇게 돈을 들여도 되냐는 비판이 여러 곳에서 나오고 있어요. 그런 상황에서 민간 기업은 반대로 우주에 진출하고 싶어 하기 때문에 양자의 이해관계가 일치한 셈이지요. 또한 민간 기업은 정부와 결탁함으로써 기업 가치와 신뢰성을 향상할 수 있어요. 그러면 투자가 늘어나겠죠. 미국은 민간과 정부가 서로 이익이 되는 우주 개발을 지향하고 있어요. 반면 일본은 아직 정부가 우주 개발의 중심을 맡고 있습니다. 그래서 뒤쳐지는 거예요.

다키구치   민간 기업이 참여하면 시장의 경쟁 원리에 따라 우주 개발의 지속성이 조금 불안정해지지 않을까요?

나카스카   민간 기업은 비즈니스가 성립되지 않으면 우주 개발을 포기할지도 몰라요. 물론 개발 지속성에 대한 위험은 존재합니다. 그러나 민간 기업은 경쟁 속에서 좋은 것을 만들어낼 수 있고, 오히려 경쟁을 통해 성장 속도가 빨라져요. (민간 기업 참여를 유도하는) 정부는 그렇게 되기를 기대하는 것 같아요.

가토   앞으로 우주 개발이 민간으로 완전히 이행될까요?

나카스카   아마 그러지 않을까 싶습니다. 정부가 우주정거장에서 어떤 실험을 하고 싶다면 실험 기간에만 우주정거장을 이용하고 우주정거장을 오가는 왕복우주선 비용을 지불하는 식으로 변화하지 않을까요?

가토   일본국유철도, 일본전신전화공사, 일본우편국도 각각 JR, NTT, 일본우정으로 민영화되었지만 공적인 면이 조금 남아 있지요.

에사키   저도 한마디 보태도 될까요? (웃음) 조금 전 민간 주도라는 키워드가 나왔는데 민간 주도가 가능한 이유는 기술 진보로 우주 개발 비용이 저렴해졌기 때문이에요. 초기 우주정거장과 로켓은 스마트폰의 1,000분의 1에 해당하는 능력을 지닌 컴퓨터를 사용했어요. 성능 낮은 컴퓨터로 거대한 로켓을 발사하는 건 위험도 있었고, 정부가 아니면 불가능했습니다.

그러나 지금처럼 모두가 스마트폰으로 업무를 보는 시대에는 우주비행도 소형 컴퓨터로 가능해요. 그렇기 때문에 민간 기업도 로켓을 발사할 수 있습니다. 그중에서도 미국은 NASA가 보유한 우주 기술을 민간 기업에 적극 제공하는 정책을 실시했어요. 그 결과 민간 기업이 그 기술을 이용해 신사업을 전개할 수 있게 된 겁니다. 나카스카 교수님께서 말하신 '모두가 협력하면서 동시에 경쟁하여 시스템을 향상하는 구조'는 중립성을 지닌 조직이 존재해야 만들 수 있어요.

가토 작은 컴퓨터로도 발사할 수 있다는 건 우주왕복선*도 점점 소형화하고 있다는 말씀인가요?

에사키 맞습니다. 매우 작아지고 있어요.

나카스카 현재 민간 기업이 만들고 있는 우주왕복선에는 컴퓨터를 비롯해 많은 것이 소형화되었어요. 다만 우주로 나가려면 연료가 필요한데 그 부분의 크기를 물리적으로 축소하기는 어려워요.

에사키 연료는 극복하기 어려운 물리적 한계이지요. 하지만 도타니

---

* NASA가 1981년부터 2011년에 걸쳐 발사한, 기체 일부를 재이용한 유인 우주선. 로켓처럼 발사되며 비행기처럼 착륙한다. 30년간 총 135회 발사되었다. 1986년 챌린저호 폭발 사고, 2003년 컬럼비아호 폭발 사고가 발생하여 각각 7명의 우주비행사가 희생되었다.

	교수님께서 기발한 아이디어를 갖고 계신다면 극복할 수 있지 않을까요? (웃음)
도타니	천문학에서도 민간 주도의 우주 개발은 매우 긍정적인 주제예요. 그리고 가능하면 천문학도 조금 더 민간 주도화되었으면 좋겠습니다. 천문학에서는 예를 들어 허블 우주 망원경*, 일본 스바루 망원경** 등 대형 망원경을 건설하여 먼 곳을 바라보려는 거대한 흐름이 수십 년간 지속되었는데요. 현재 미국이 계획 중인 차세대 우주 망원경 HWO(거주 가능한 세상 천문대-역주)***는 지구 외 행성에 있는 생명의 흔적을 발견하기 위한 궁극적인 망원경으로, 1조 엔(약 10조 원) 이상 돈을 들여 약 20년 후에 운용할 예정이라고 해요. 그런데 이런 망원경은 고작 하나밖에 못 만들어요.
가토	그 차세대 망원경은 누가 만들고 있나요?
도타니	NASA예요.
가토	사업 가능성이 충분하다고 여겨지면 천문 분야도 민간

---

* 1990년에 발사되어 약 600km 상공의 궤도를 돌고 있는 지름 2.4m의 우주 망원경이다. 우주 팽창을 발견한 천문학자 에드윈 허블의 이름을 빌렸다. 2021년 허블 우주 망원경의 후속으로 지름 6.5m의 제임스 웹 우주 망원경이 발사되었다.

** 미국 하와이섬 마우나케아산에 있는 지름 8.2m의 광학 적외선 망원경으로 일본 국립천문대가 운용하고 있다. 해발 4,200m인 마우나케아산 정상은 쾌청하고 기압이 평지의 약 3분의 2이기 때문에 천체 관측에 적합한 조건이라 11개국이 운영하는 13개의 망원경이 위치해 있다.

*** Habitable Worlds Observatory. 지구 외 생명체와 태양계 외부 행성 생명체의 흔적을 탐색하려는 목적으로 개발 중인 차세대형 우주 망원경. 가시광선, 적외선, 자외선 파장역을 관측할 수 있는 지름 6m급 망원경으로 2040년대 운용을 목표로 한다.

주도화될 가능성이 있을까요?

에사키 천문대는 슈퍼 컴퓨터로 엄청난 양의 데이터를 처리하고 있는데, 슈퍼 컴퓨터가 아니라 개인이 소지한 컴퓨터의 능력을 빌려서 '약 1,000명이 협력하여 새로운 행성을 찾는 활동'이 예전에 이루어진 적 있어요. 이런 활동을 천문학의 민간 주도화라고 볼 수도 있겠지요.

또한 전 세계 몇 군데에 망원경을 설치하고 망원경의 데이터를 전부 수집하면 커다란 구경의 망원경으로 관측한 것과 동일한 결과가 도출됩니다. 시간의 정확성 등 조건이 필요하지만요. 그런 조건을 충족한다는 전제 하에 전 세계 사람들이 보유한 망원경 데이터를 수집하면 매우 커다란 구경의 망원경이 탄생하는 셈이죠.

가토 분산 시스템이라고 할 수 있겠네요.

도타니 2022년 블랙홀* 촬영이 화제가 된 적 있어요. 전 세계 천문학자가 협력하여 각지의 전파 망원경을 연동해 관측했지요. 아마 하나의 대형 망원경을 건설하는 추세는 언젠가 한계를 맞이하지 않을까요?

대형 망원경이 아니라, 예를 들어 나카스카 교수님이 연구하고 있는 소형 위성을 이용하거나 많은 사람의

---

* 밀도가 매우 높아서 강력한 중력으로 주위에 있는 물질을 전부 흡수하는 천체다. 흡수되면 빛도 탈출할 수 없다고 한다. 우주에 생긴 검은 구멍처럼 보이는 데에서 이름이 붙여졌다.

아이디어를 모아 새로운 학문을 창출해야겠지요. 학문의 다양성이 중요합니다. 그런 의미에서 민간 주도의 우주 개발은 천문학이나 기초과학에도 매우 긍정적인 흐름이 될 것 같습니다.

지상과 우주를 연결하는 '우주 엘리베이터'

다키구치 지구에서 우주로 가는 또 다른 방법으로 우주 엘리베이터를 개발하려는 기업이 있다고 하는데요.

나카스카 네. 정지궤도(적도 상공 약 3만 6,000km의 원 궤도-역주)에 중심을 두면 지구의 자전 속도와 동일하게 움직여요. 거기서 지상까지 케이블을 연결하여 엘리베이터처럼 지상과 우주 공간을 왕복하는 것이 바로 우주 엘리베이터입니다. 그러면 연료를 사용하지 않고 전기만으로 로켓을 우주 공간으로 가지고 갈 수 있어서 로켓 운행이 매우 편해지겠지요. 다만 기술적 과제가 쌓여 있기 때문에 당장 실현되지는 못할 겁니다.

가토 우주 엘리베이터는 육지와 연결될까요, 아니면 인공섬 휴게소처럼 해상과 연결될까요?

나카스카 기본적으로는 지구 자전과 함께 움직여야 하기 때문에 정지궤도에 구축해야 해요. 아마 적도 어딘가에 위치하지 않을까요? 아서 C. 클라크*의 소설 『낙원의 샘』에 우주 엘리베이터가 나오는데 그 작품에서도 건설 예정지가 적도 국가입니다. 클라크는 궤도론도 잘 알고 있었거든요.

다키구치 정확하게 과학에 기반한 SF 소설이군요.

나카스카 그렇습니다. 우주 엘리베이터 건설은 아직 먼 훗날의 이야기겠지만 현재 많은 사람이 기술 개발을 추진하고 있어요. 예를 들어 지상과 우주 공간을 케이블로 연결할 때 무게를 버텨야 하므로 케이블은 무게 대비 강도가 더 강해야 합니다. 탄소 나노튜브**가 적합하겠지요. 다만 현재는 매우 짧은 것밖에 못 만들고, 향후 3만 6,000km 길이의 탄소 나노튜브를 만드는 기술이 필요합니다.

다키구치 탄소 나노튜브는 가벼워서 적합한 모양이군요.

나카스카 맞습니다. 그리고 우주 공간으로 올라가는 구조물에 에너지를 어떻게 공급하느냐는 문제도 있어요. 레이저나 무선 전송에 가능성이 있겠죠. 그리고 대기 중에 케이블이 위치하기 때문에 태풍이 들이닥치면 문제가 생길 수

---

* 영국 출신 SF 작가로(1917~2008), 대표작으로 『유년기의 끝』, 『돌고래섬의 모험』, 『2001 스페이스 오디세이』 등이 있다. 아이작 아시모프, 로버트 하인라인과 함께 20세기를 대표하는 SF계 3대 거장으로 불린다.

** 말 그대로 탄소 나노 관이다(나노미터는 10억 분의 1미터). 탄소 원자로 만든 작은 원기둥 모양의 소재로 1991년 발견되었다. 굵기가 머리카락의 5만 분의 1이며 강도는 강철보다 10배 높다. 진공에서 2,800°C까지 견딘다고 하여 우주 엘리베이터의 재료로 주목받고 있다.

다키구치	있습니다. 또한 비행기와 부딪칠 위험 등 해결해야 할 문제가 아주 많아요.

다키구치   도타니 교수님께서는 어떻게 생각하시나요? 우주 엘리베이터가 개발되면 교수님의 연구에도 좋은 영향을 줄까요?

도타니   그렇습니다. 천문 관측에서는 지상의 대기에 방해를 받습니다. 그래서 인공위성을 발사하는데, 인공위성은 비싸고 품이 많이 들죠. 하지만 우주 엘리베이터가 개발되면 작은 대학 연구실에 있는 천문학자가 만든 망원경도 저렴한 가격에 우주 공간으로 보낼 수 있어요. 그러면 새로운 천문학적 발견이 탄생할 수도 있을 겁니다.

20년이 지나도 끄떡없는 소형 위성

다키구치   천문대를 우주 가까이 보내는 천문학적 과제도 해결될 수 있겠네요. 이 타이밍에서 소형 위성 이야기도 들어보고 싶은데요.

나카스카   저희는 소형 위성을 계속 연구했는데 2003년에 세계 최초로 10kg·10cm³ 인공위성을 만들어서 발사했어요. 반년

	정도 활동할 수 있으리라 예상했는데 20년이 지난 지금도 여전히 사진을 전송하고 있습니다.
가토	2003년이면 CPU는 펜티엄Ⅲ가 종료될 무렵이네요. 아직도 현역이라니 대단합니다.
나카스카	사실 마이크로칩 테크놀로지(미국의 반도체 제조업체-역주)에서 출시한 8비트 PIC*라는 마이크로 컨트롤러를 소형 위성에 몇 개 넣었어요. 1개만 넣으면 방사선으로 인해 손상되어 물거품이 될 수 있기 때문입니다. 여러 개 넣어둔 덕분인지 이제껏 고장이 전혀 없어요.
다키구치	소형 위성이 지구 사진을 정기적으로 촬영하고 있나요?
나카스카	그렇습니다. 정지궤도에 위치한 위성은 지구의 특정 지역을 관찰할 수 있는데요. 그 예가 바로 일본 기상위성 히마와리입니다. 히마와리는 2.5분에 1회 일본 주변 해상을 촬영할 수 있어요. 그런데 문제는 높은 곳(적도 상공 약 3만 6,000km)에 있기 때문에 공간 해상도가 그리 높지 않습니다. 반면 지상에서 600km 떨어진 저궤도 위성은 공간 해상도가 정지궤도 위성의 60배 정도 높아요. 다만 멈춰 있지 않고 지구를 빙글빙글 돌고 있습니다. 예를 들어 특정 지역의 사진을 촬영하고 다음에 같은 지역으로 돌아오는 데

---

* Peripheral Interface Controller의 약자로, 컴퓨터 주변 기기의 접속 부분을 제어하는 집적회로다. 마이크로 컨트롤러라고 부르기도 한다. 프로그램의 명령 수가 적기 때문에 사용하기 편하며 저렴하다.

	20일이 걸려요. 심할 때는 40일이 지나야 하고요. 그러면 40일에 한 장만 촬영할 수 있겠지요. 지구를 관측하는 건 참 어려운 일이에요.
가토	해상도는 화소 수를 의미하는 건가요? 어떤 카메라를 사용하고 있나요?
나카스카	해상도에서는 표현 가능한 단위(km)를 1화소라고 합니다. 그리고 일반 망원 카메라를 사용하고 있어요.
가토	그러면 히마와리에는 좋은 카메라가 탑재되었겠네요.
나카스카	좋아봤자 1km 정도의 해상도예요. 낮은 궤도에서는 일본 인공위성으로도 2m 정도까지 촬영할 수 있고 좋은 인공위성은 30cm 정도까지 촬영할 수 있어요.
가토	구글 어스(Google Earth)도 위성 사진인가요?
나카스카	해상도가 높은 사진은 위성이 아니라 대부분 항공 사진입니다.
에사키	구글 어스는 높은 곳과 조금 낮은 곳에서 촬영한 사진과 드론으로 촬영한 사진을 조합하여 운영하고 있어요.
가토	촬영용 차량도 이용하고요.

소형 위성이 증가하면
무슨 일이 일어날까?

다키구치 앞으로 소형 위성을 대량 발사하는 시대가 도래한다고 하는데 어떤 이점이 있을까요?

나카스카 예를 들어 지구 사진을 촬영할 때 저궤도 위성은 약 20일에 1회 정도 촬영하는데 위성이 많으면 1일 1회 또는 몇 시간에 1회 촬영할 수 있어요. 즉 촬영 빈도 증가가 가장 큰 이점입니다. 그리고 스페이스X가 운용하는 스타링크의 목표는 1만 2,000기의 위성 발사입니다. 이를 통해 통신 거리가 짧아지면 지연이 줄어들겠지요.
또한 기존 위성보다 지구와의 거리가 60배 이상 가까워져서 전파 강도가 3,600분의 1 정도여도 충분합니다. 즉 전파가 아주 약해도 괜찮아요. 이런 이점이 있기 때문에 저궤도 위성이 유의미합니다. 정지궤도에 놓인 대형 위성과 저궤도에 놓인 소형 위성의 경쟁 구도라고 할 수 있는데, 미래에는 두 위성 모두 잔존할 거라고 생각해요.

에사키 방금 나온 전파 이야기는 원리를 알면 간단히 이해할 수 있는데요, 5G와 6G는 주파수가 매우 높습니다. 다시 말해 입자성이 강해서 장애물과 만나면 도달하기가 어려워요. 주파수가 낮으면 돌에 부딪쳐 갈라지는 파도처럼 장애물이 있어도 휘어 돌아갑니다.

공기가 두터운 지상에서는 전파가 도달하기 어렵습니다. 하지만 우주를 향해 상공으로 나아가면 공기가 점점 희박해지기 때문에 매우 쾌적하게 날아가요. 공기가 희박한 동일 궤도에서 문제없이 통신할 수 있는 것입니다. 그러면 에너지를 사용하여 지상에서 연결하는 것보다 공기가 없는 상공에서 연결하는 게 효율이 좋습니다.

그리고 소리는 구면(球面) 형태로 퍼지잖아요. 하지만 기술적으로 노력하면 직선으로 보낼 수 있어요. 그러면 잡음이 줄어서 소리가 깨끗해집니다. 아마 이런 것들이 가능해지겠죠.

나카스카 위성 간 통신도 점점 더 발전할 테니, 어딘가에서 전파를 상공으로 올려 보내고 이를 위성 간에 중계하면 다른 장소에서 다시 지상으로 내려보낼 수 있을 겁니다.

천문학자에게는 위성이 방해물이다?

도타니 인공위성은 천문학을 연구하는 입장에선 조금 우려되기도 합니다. 우주의 별을 관찰하려면 어두운 곳에 가야 해요.

밝으면 별을 관찰하기 어려우니까요. 그리고 전파로 우주를 관측할 때, 예를 들어 휴대전화 전파는 방해가 됩니다. 먼 우주를 관측하려면 전파가 드문 환경이 필요해요. 현재 화제가 되고 있는 스타링크의 위성도 천문 관측을 방해할 수 있어서 천문 분야 종사자들이 무척 걱정하고 있어요. 우주 환경 보전도 생각해주었으면 좋겠어요.

나카스카 유엔에서도 다룰 정도로 커다란 문제로 부상했지요.

가토 위성으로 인한 천체 관측 방해 말씀인가요?

나카스카 네. 장시간 천체 관측을 하면 위성이 그 앞을 통과해요. 방해가 되지요.

다키구치 맞아요. 위성이 반짝반짝 빛을 내잖아요.

나카스카 그래서 위성을 어둡게 해서 태양광을 반사하지 않게 해달라는 의견이 나왔듯이, 스타링크가 발사할 예정인 1만 2,000기의 위성에 대한 비판이 상당히 커지고 있어요.

에사키 그래서 우주 엘리베이터가 필요해요. 천문대 전문가들은 우주로 가서 관측하라는 이야기를 들을 수도 있지만요. (웃음) 우주 엘리베이터가 생기면 천문학자들이 위성보다 우주와 더 가까운 곳에서 관측할 수 있으니까요.

가토 위성보다 더 위로 가자는 것이군요.

에사키 달에 갈 수 있으면 좋을 것 같아요.

다키구치 도타니 교수님은 달에 천문대가 생기면 가고 싶으세요?

도타니 가끔 갈 수 있다면 좋겠지요. 아이들 학교 문제가 있긴 하지만요.

에사키 괜찮아요. 그 무렵에는 달에 학교를 만들 테니까요.

다키구치 나카스카 교수님께서는 우주에서 지구를 보고 싶어 하시고, 도타니 교수님은 지구에서 우주를 보고 싶어 하시네요. 그렇게 되면 도타니 교수님이 우주로 가셔야 하나요? (웃음)

도타니 지구에서 나가라는 말인가요? (웃음)

다키구치 (웃음) 잠시 이야기를 돌려볼게요. 소형 위성이 우주에서 사진을 보내주면 우리에게 어떤 편리한 점이 있나요?

나카스카 예를 들어 구글 어스 같은 사진은 꽤 세부적인 것까지 보이는데 언제 찍은 사진인지는 알 수 없어요. 일주일 전일 수도 있고 1개월 전일 수도 있거든요. 하지만 예를 들어 1시간 전 사진을 볼 수 있다면 주차장에 있는 차를 보고 '아, 아빠가 집에 오셨구나' 하고 알 수 있어요. 이런 일들이 현실화되겠지요.

다키구치 조금 더 실시간에 가까워지네요.

나카스카 다만 지나치면 사생활 문제도 생기기 때문에 향후 여러 논의가 필요합니다.

우주 개발은
선착순이다?

다키구치 이번에 이야기할 주제는 에사키 교수님의 '우주 개발은 선착순이다?'입니다.

에사키 현재 우주는 그 누구의 것도 아니에요. 하지만 바다는 영유권이 있는 바다인 '영해'와 아무런 영유권이 없는 바다인 '공해*'가 존재합니다. 영공도 고도 100km까지라는 기준이 있고요. 그러면 민간 기업과 국가가 발사하는, 고도 100km 이상에 자리한 위성의 소유권은 어디에 있을까요? 예를 들어 인터넷은 가상 공간이기 때문에 국경이 없어요. 이와 비슷한 상황이 우주에도 적용될 수 있겠지요.
인류의 역사를 파헤쳐 보면 유럽 국가들은 배를 타고 아시아와 아프리카에 가서 땅에 국기를 세우고 자신의 영역으로 만들었어요. 자기들이 규칙을 정하고 원주민들을 사역했으며 그 땅을 식민지로 삼았죠. 이는 결코 옳지 않은 행위입니다. 동일한 일이 우주에서 반복되지 않도록 해야 해요. 그게 바로 '우주 개발은 선착순이다'라는 주제의 의미입니다.

---

* 특정 국가의 영해에 속하지 않는 해양. 유엔해양법협약에서는 영해, 접속수역, 배타적 경제수역을 제외한 모든 해양을 공해라고 한다. 공해에서는 모든 국가의 선박이 자유롭게 다닐 수 있으며 생선 등 수산 자원을 채취할 수 있다.

가토	현재는 규칙이 명확하게 정해지지 않았나요? 아니면 암묵적으로나마 정해져 있나요?
에사키	글쎄요. 저희가 어렸을 때 본 영상에서는 달에 자국 국기를 세운 국가가 있었잖아요. 그건 '달은 우리 나라 것'이라는 의사 표명이었을까요?
가토	현 시점에서 달은 그 누구의 소유도 아니지요.
나카스카	누구도 소유할 수 없다는 우주법은 있어요.
가토	우주법이라는 국제적인 법률이 있나요?
나카스카	국제 우주법은 다양합니다. 다만 이를 비준한 국가와 그러지 않은 국가가 있는데, 비준하지 않은 국가는 국제 우주법을 따를 필요가 없습니다.
에사키	게다가 그 비준은 마음대로 파기할 수 있어요. 그게 바로 국가 주권이에요. 국내적으로는 매우 강력히 규제할 수 있겠지만 국제적인 규제를 만들기는 어렵습니다. 만약 글로벌 집단이 등장하면 어떻게 될까요? 예를 들면 다국적 기업일 수 있죠. 국가와 대등하게 대화 가능한 사람이 있는 기업이 우주에 영토를 만든다면 지온 공국(기동전사 건담에 나오는 국가)처럼 될 수 있겠지요.
가토	스페이스X는 미국 기업이지만 일론 머스크가 우주법을 따르지 않겠다고 결심한다면 우주법을 비준한 미국을 떠나 비준하지 않은 국가로 갈 수도 있지 않을까요? 그리고

	거기서 달로 향하면 '여기는 내 영토'라고 주장할 수 있고요.
나카스카	그렇죠.
에사키	그럼 '여기(달)는 우리 나라입니다'라고 하면 새로운 나라가 탄생할 수도 있나요?
다키구치	픽션으로 말하자면 그게 바로 지온 공국이네요.
도타니	우주 국가를 세워서 국민을 모집한 국가도 있었던 것 같아요(아스가르디아라는 국제적 단체가 존재함).
에사키	천문학계 사람들이 모여서 달에 국가를 만들어도 좋지 않을까요? 달은 천체 관측을 하기에 최고의 환경이니까요.
다키구치	도타니 교수님을 자꾸 우주로 보내려고 하시네요. (웃음)
도타니	훌륭한 스페이스 콜로니(우주의 다른 행성이나 위성에 건설되는 인간 거주지·역주)를 만들어준다면 가도 괜찮을 것 같아요. (웃음)
나카스카	아까 스페이스X가 해외로 간다는 가정이 나왔는데요, 우주자원법이라는 법률이 있어요. 달과 소행성에서 자원을 채취해 왔을 때 그 자원을 채취자의 소유물로 간주한다는 내용인데 법을 제정한 국가가 미국, 룩셈부르크, 아랍에미리트, 일본 4개국입니다. 즉 '우리는 우주 자원을 당신의 소유물로 인정할 테니 우리 나라에 와서 사업해주세요'라고 유치 경쟁을 펼치고 있는 겁니다.
가토	우주 자원을 소유하고 싶으면 저 4개 국가로 가라는

것이군요.

나카스카 국가 차원에서 소유를 인정하고 있죠. 타국이 그걸 어떻게 받아들일지 모르겠지만요. 적어도 이 4개국에서는 합법입니다. 이런 식으로 기업 유치 경쟁이 벌어지고 있어요. 흥미로운 현상입니다.

가토 미국과 일본이 실제로는 뒤에서 손을 잡고 있나요?

나카스카 각국이 독립적으로 움직이고 있는 것 같아요. 예를 들어 일본에서는 우주 개발 사업을 하고 싶은 사람들이 열심히 정부에 어필해요. 한편 룩셈부르크는 우주 개발을 거의 추진하지 않습니다. 그렇지만 우주자원법이 제정되면서 전 세계 여러 기업이 룩셈부르크로 모이고 있어요. 장차 우주 산업을 룩셈부르크 국내에서 하라는 것이죠.

다키구치 룩셈부르크는 조금 의외입니다. 금융 분야가 강한 국가잖아요.

우주 자원을 금보다 비싸게 팔 수 있을까?

에사키 우주에서 자원을 채취하고 지구로 돌아오는 사람에게도 금융 시스템이 필요해요. 자원 소유권을 받은 후에 그

	자원을 팔아야 하니까요.
가토	우주에서 무엇을 채취할 수 있을까요? 금보다 비싼 것일까요?
다키구치	예를 들어 희소 금속이 우주에 존재할 수 있겠죠.
나카스카	실제로 희소 금속은 기대를 받고 있어요. 물론 금과 다이아몬드도 있을 수 있고요. 그리고 물입니다. 현재 물이 아주 중시되고 있거든요.
에사키	다이아몬드는 단순한 탄소 덩어리인데 왜 가치가 있을까요? 우주학자 입장에서 보면 신기할 것 같아요.
도타니	탄소는 우주에 다량 존재하니까요.
다키구치	우주에 가면 다이아몬드도 듬뿍 채취할 수 있을까요?
도타니	탄소는 많이 있지만 이를 다이아몬드로 어떻게 가공하느냐는 또 다른 문제가 발생해요.
가토	우주에서 지구로 귀환하는 사람들이 가치 있는 걸 가지고 올 가능성이 있을까요?
나카스카	현재 이야기가 나오는 건 달의 물이에요. 물은 산소와 수소로 분리하면 연료로 사용할 수 있고 음용수로도 쓰임새가 있습니다. 또한 다른 천체로 가기 위한 기지를 달에 건설한다면 연료 전지를 만드는 데도 필요하겠지요. 그리고 달 표면에 헬륨 - 3가 있는데요. 향후 핵융합을 할 때 청정 에너지가 될 수 있는 원소라서 이걸 지구로

가져오려는 사람이 꽤 있어요. 하지만 지구까지 가지고 와서 핵융합을 하지 말고 우주 공간이나 달에서 해도 되지 않느냐는 이야기도 나옵니다. 연료로 주목받는 건 현 시점에서 이 정도가 아닐까 싶어요.

에사키 우주 공간은 저항이 거의 없기 때문에 적은 에너지로 장시간 원활하게 이동할 수 있고, 블랙홀에 접근했을 때 빨려 들어가지 않도록 반대로 거대한 에너지를 사용해 저항할 필요가 있는 등 지구에선 일어나지 않는 일들이 발생해요. 우주 공간은 지상과는 전혀 다른 물리 법칙으로 움직이니까요. 아까 이야기가 나왔지만 인공위성이 아주 적은 에너지로도 움직일 수 있는 이유이지요.

스마트폰이 인공위성이 되는 시대

나카스카 그런 의미에서는 방사선 문제만 해결하면 스마트폰을 위성으로 이용할 수 있어요.

다키구치 스마트폰이 인공위성이 되는 시대군요.

가토 인공위성을 우주 공간에 계속 띄우는 데 몇 와트 정도 필요한가요?

나카스카	우주 공간까지는 로켓으로 가기 때문에 그 에너지는 차치하고, 우주 공간에 도달한 후에 사진을 촬영하고 컴퓨터 몇 대를 가동하여 지구와 통신하는 데 쓰이는 전력 말씀이군요. 저희가 발사한 최초의 1kg 소형 위성은 전력을 얼마나 사용했을까요?
가토	오답일 것 같은데 1와트 정도 아닐까요?
나카스카	거의 정답입니다. 0.8와트 정도예요. 10m³의 인공위성에 설치할 수 있는 태양광 패널의 면적은 제한되어 있어서 전력을 그 이상 확보할 수 없어요. 반대로 말하면 0.8와트로 모든 작업을 할 수 있도록 설계합니다.
가토	인공위성에서 가장 중요한 기능은 카메라인가요?
나카스카	가장 중요한 건 통신입니다. 우주 공간과 지구 양측에서 작업할 때 인공위성에서 정보를 수신해야 위성이 어떻게 작동하고 있는지 알 수 있으니까요.
가토	통신이 절대적으로 필요한 기능이고, 그다음으로 중요한 기능이 카메라인가요?
나카스카	맞습니다.
에사키	향후 모두가 쓰임새를 다양하게 고민해보지 않을까요? 많은 인공위성이 협력하여 다양한 데이터를 수집하고 송수신할 수 있다면요. 데이터는 이미지가 아니라 적외선이어도 상관없어요. 음성 데이터가 될 수도 있고요.

	여러 가지 용도를 상정할 수 있겠지요.
다키구치	소형 위성의 카메라는 지구뿐만 아니라 우주도 관측하고 있나요?
나카스카	이미 많이 관측하고 있어요. 천문대와 협력하여 별자리 지도를 만들기도 합니다. 커다란 망원경을 만들려면 1조 엔(약 10조 원) 정도의 비용이 들기 때문에 작은 위성을 복수 배치하여 하나의 커다란 망원경으로 만드는 것이죠. 이를 '편대 비행'(formation flight)이라고 하는데 앞으로 계속 추진하려고 해요. 막대한 자금을 들이지 않고 다양한 관측 요구에 부응할 수 있어서 많은 사람이 우주를 관측하는 세상을 만들 수 있으니까요. 그게 바로 저희 우주과학자의 목표입니다.
가토	망원경이 1조 엔(약 10조 원)이라고 하셨는데 그렇게 고액인 이유는 무엇인가요?
도타니	예를 들어 지름 6m짜리 접시형 거울이 달린 망원경은 지상에서도 꽤 큰 편인데, 이걸 우주로 가져가서 위성 궤도에 띄우는 건 기술적으로 무척 어려워요.
가토	그렇군요. 그래서 소형화하려는 거네요.
나카스카	맞습니다. 소형화·분산화를 통해 커다란 망원경을 어떻게 대체하느냐가 중요해요.
도타니	참고로 우리가 사용하고 있는 스마트폰으로 우주를

관측하려는 아이디어도 있어요.

우주에는 우주선(宇宙線)이라는 고에너지 방사선이 있는데 우주에서 지구로 다량 쏟아지고 있지요. 그중에 에너지가 더욱 높은 입자가 가끔 쏟아지는데요. 이 초고에너지 우주선은 어떤 천체에서 발생하는지 밝혀지지 않았어요. 그런데 이 우주선을 스마트폰으로도 감지할 수 있어요. 매우 드문 일이긴 하겠지만 전 세계 스마트폰으로 우주선을 기록하고 이를 특정한 정보 센터에서 수집하면 우주의 비밀이 풀릴 수 있어요. 이런 아이디어도 존재한답니다.

에사키 이제까지는 데이터를 수집한 사람에게 소유권이 있어서 데이터가 공개되지 않았어요. 그런데 모두가 데이터를 모으면 소유권의 의미도 달라질 겁니다. 소유권뿐만 아니라 발견자의 정의도 달라질 수 있고요.

다키구치 그 경우 소유권은 모두에게 있다는 결론이 나올 수도 있겠네요.

도타니 실제로 커다란 망원경은 전 세계가 협력하여 만들기 때문에 '다 함께 만든 망원경이니까 데이터를 수집하면 즉각 공개하여 전 세계 천문학자가 사용할 수 있게 하자'는 흐름이 있습니다.

암흑물질로 풀리는
우주의 수수께끼

다키구치   다음 주제는 도타니 교수님의 '암흑물질로 우주의 수수께끼가 풀린다'입니다. 암흑물질이라는 단어는 들어본 적이 있는데요, 대체 어떤 것인가요?

도타니   천문학에서도 꽤 오래 이어진 수수께끼입니다. 암흑물질의 존재는 수십 년 전부터 알려졌지만 아직 정체를 파악하지 못했어요. 은하계 별들의 움직임을 보면 별이 받는 중력을 알 수 있는데, 그 중력을 발휘하는 어떤 존재를 깨닫게 된 것이죠. 또한 별의 움직임을 이용해 계산해보면 은하계 전체 질량은 밝게 빛나는 별의 질량을 모두 더한 것보다 약 10배 많아요. 다시 말해 눈에 보이지 않는 물질이 있다는 것을 의미합니다.

그런데 그 물질이 무엇인지 아직 밝혀지지 않았어요. 다만 다양한 우주론 데이터를 종합하면 미지의 소립자라고 할 수 있습니다. 즉 원자핵이나 전자처럼 이미 알려진 입자는 아닙니다. 소립자의 표준 이론에는 아직 없는 미지의 입자인 셈이지요. 암흑물질 입자는 은하계 전체를 가득 채우고 있으니 이 자리에도 암흑물질 입자가 다량 부유하고 있을 수 있겠네요.

다키구치 이 자리에도요? 우주에만 있을 거라고 생각했는데 의외로 우리와 가까운 곳에 있군요.

도타니 아이작 뉴턴*과 알베르트 아인슈타인**이 발견한 물리 법칙을 적용해보면 '현재 빛나고 있는 별의 개수를 모두 더하면 이 정도의 중력이 발생할 것'이라는 수치가 나오는데요, 실제 별의 움직임을 보면 10배 정도 적은 수치가 나와요. 다시 말해 중력과 관련된 물질이 따로 존재한다는 건데, 인류가 알고 있는 원소로는 설명이 안 됩니다.

가장 단순하게 생각하면 미지의 존재가 있고 그게 중력을 발휘하고 있을 가능성이 있어요. 그리고 또 다른 가능성은 '은하계 정도의 커다란 규모면 중력의 법칙이 지구나 태양계와는 다르기 때문에 법칙을 바꾸면 해결된다'는 것입니다. 몇십 년 전에 제기된 주장인데, 다양한 노력이 있었지만 수수께끼는 풀리지 않았어요. 그래서 미지의 물질이며 중력원으로 존재한다는 가설로 복귀했는데 아직 그 입자가 무엇인지 밝혀지지 않았습니다.

---

* 영국 출신 과학자·물리학자·천문학자(1643~1727). 관성의 법칙(외부에서 힘을 받지 않는 한 모든 물체는 정지해 있거나 등속직선운동을 한다), 운동방정식(F=ma, 물체가 받는 힘은 질량과 가속도로 결정된다), 작용·반작용의 법칙(물체A에서 물체B로 힘을 가하면 물체B는 물체A에 크기는 같고 방향은 반대인 힘을 가한다), 만유인력의 법칙(질량이 있는 두 물체 간에 인력이 작용한다) 등의 물리 법칙을 발견했다.

** 독일 출신 물리학자(1879~1955). 중력의 영향을 받지 않는 상태에서 빛의 속도는 일정하며 시간과 공간이 상대적으로 변화한다는 '특수 상대성 이론', 중력은 공간을 왜곡한다는 '일반 상대성 이론'을 제창했다. 또한 물질과 에너지는 서로 바뀔 수 있다는 $E=mc^2$ 수식도 제시했다.

다키구치 암흑물질이 우리 근처에도 있다는 건 우리가 눈치채지 못하는 사이에 암흑물질이 인체에 영향을 줄 가능성도 있다는 건가요?

도타니 가능성이 아예 없지는 않지만 만약 인체에 영향이 있다면 정밀한 물리 실험으로 암흑물질 입자가 검출기와 부딪치는 현상을 발견하지 않았을까 싶어요. 하지만 전혀 검출되지 않았습니다.

이와 유사한 사례로 중성 미자*를 꼽을 수 있는데요. 2002년에 노벨 물리학상을 수상한 고시바 마사토시** 도쿄대학교 특별영예교수님이 최초로 초신성에서 나오는 중성 미자를 관측하는 데 성공하셨죠. 중성 미자는 물질과 상호작용을 거의 하지 않고 인체를 통과합니다.

가토 암흑물질과 가까운 것일지도 모르겠네요. 고시바 교수님은 왜 중성 미자를 발견하려고 했을까요?

도타니 원자핵 베타 붕괴라는, 원자핵에서 소립자가 튀어나오는 현상이 있는데요. 튀어나온 입자를 전부 합했는데도 에너지가 부족했어요. 그래서 '튀어나온 에너지를 전부 더하면 그 합계와 동일해야 하는데 에너지가 보존되지

---

* 가장 작은 것으로 추정되는 소립자 중 하나. 같은 소립자인 전자보다 100분의 1 가볍다고 한다. 또한 크기는 인간의 10^{-24}으로 중성 미자를 1밀리미터라고 가정하면 인간의 몸은 은하계 정도에 해당된다.

** 일본의 물리학자이자 도쿄대학교 특별영예교수·명예교수, 도카이대학 특별영예교수 등을 역임했다(1926~2020). 1987년에 태양계 외부에서 발생한 중성 미자를 최초로 관측하여 중성 미자 천문학을 개척했다. 2002년에는 노벨 물리학상을 수상했다.

않았다. 그 말인즉 보이지 않는 입자가 어딘가로 빠져나간
게 아닐까?' 하고 추측했다고 합니다. 그 후 실험 끝에 중성
미자를 실제로 발견했고요.

가토   어떤 방법으로 발견했을까요?

도타니   중성 미자는 물체를 통과하기 때문에 초거대 검출기가
필요해요. 거대한 물탱크를 준비하여 중성 미자가 지나갈
때 그 속의 물 분자 1개와 우연히 반응하기를 기다립니다.
중성 미자는 고에너지를 보유하고 있어서 물 분자와
반응하면 전자가 방출됩니다. 그때 발생하는 빛을 광센서로
수신한 것이죠.

가토   그러면 유사한 방법으로 암흑물질 현상을 발견할 수도
있겠네요.

암흑물질 규명이 지닌
대단한 가치

다키구치   암흑물질이 규명되면 무슨 일이 일어날까요?

도타니   암흑물질은 우리가 아는 물질보다 10배 많은 우주의
주성분이에요. 우주 물질의 주성분을 알 수 있다는
것만으로도 굉장한 일입니다. 그리고 미지의 소립자이기

때문에 우리가 알고 있는 기초 물리 법칙의 소립자 이론이 수정되겠지요. 노벨상 10개만큼의 가치가 있다고 생각해요. 새로운 물리 법칙을 알 수 있으니까요.

다키구치 암흑물질로부터 새로운 에너지를 추출할 수도 있겠네요.

도타니 가능성은 있습니다. 원자핵 반응도 처음에는 물리학자가 순수한 지적 호기심으로 조사했는데요. 그 결과 고에너지를 방출한다는 게 밝혀지면서 공학적으로 응용되었어요. 그러니 암흑물질이 무엇인지 이해할 수 있다면 공학적으로 응용될 가능성은 있습니다.

에사키 암흑물질은 균일하게 존재할까요, 아니면 불균일하게 존재할까요?

도타니 온 우주에는 은하가 불규칙하게 다수 존재합니다. 역으로 생각하면 은하가 불균일한 건 암흑물질이 있기 때문이에요. 빅뱅*으로 우주가 시작되었을 때 처음에는 균일한 상태였어요. 그러나 암흑물질의 중력으로 인해 점점 불균일해졌고 가스가 식으면서 별과 은하가 탄생하여 우리가 지금 이 자리에 있는 것입니다. 전부 암흑물질의 영향이지요. 우주 전체적으로 보면 은하가 있는 곳에 암흑물질이 밀집되어 있다고 할 수 있어요.

---

* 우주는 약 138억 년 전에 고온·고압의 한 점이 대폭발(빅뱅)하며 시작되었고, 그 폭발이 팽창하여 저온·저밀도가 되었다는 이론이다.

나카스카   요컨대 물질은 있지만 우리에게 관측 수단이 없어서 보이지 않는다고 이해하면 될까요?

도타니   그렇습니다. 중성 미자도 '슈퍼 가미오칸데'(도쿄대학교가 일본 가미오카 광산 지하 700m에 설치한 중성 미자 관측 장치-역주)라는 거대한 검출기에서 겨우 보이는 정도예요. 아마 은하계 중심의, 암흑물질 입자가 밀집된 곳에서는 암흑물질 입자끼리 부딪쳐서 감마선 같은 고에너지 입자가 생성되고 있을 수 있습니다. 이를 검출하기 위해 열심히 관측하고 있는데 현재로서는 암흑물질로 추정되는 흔적을 발견하지 못했어요.

다키구치   하지만 관측 설비가 발전하면 발견될 수도 있겠네요.

나카스카   인공위성으로 관측해보고 싶군요.

에사키   그렇죠. 공기가 있으면 노이즈가 많아서 포착하기 어렵겠지만 우주에서 관측하면 포착하기 쉬울 수도 있어요.

나카스카   1기가 아니라 많은 인공위성을 사용하여 관측하는 게 좋을 것 같아요.

가토   다시 말해 '슈퍼 가미오칸데 인 스페이스' 같은 걸 만들어야 한다는 거네요.

다키구치   현재 암흑물질은 수수께끼에 휩싸인 존재인데요, 종류가 하나가 아니라 여러 가지일 가능성도 있을까요?

도타니   가능성이 아예 없지는 않습니다. 예를 들어 우리가 알고 있는 원소에 탄소나 산소 등 다양한 종류가 있듯 암흑물질도 여러 종류가 존재할지도 모르죠. 다만 유감스럽게도 현재로서는 알려진 바가 거의 없습니다.

우주 확장을 가속하는 암흑에너지

다키구치 암흑물질과 비슷한 단어로 '암흑에너지'가 있는데요, 암흑에너지는 무엇인가요?

도타니 암흑물질은 수십 년 동안 풀리지 않은 수수께끼이고, 암흑에너지는 2000년대 들어서 주목받은 비교적 새로운 수수께끼예요. 암흑에너지에는 중력에 반발하여 우주 확장을 가속하는 효과가 있어요. 즉 상대성 이론에 기반하면 우주는 팽창하고 있는데, 우주 내부에는 물질이 가득 차 있기 때문에 물질에서 발생하는 중력으로 팽창하는 힘이 떨어져 감속 팽창이 일어나야 합니다. 하지만 최근 정밀 관측에 따르면 우주가 감속 팽창하다가 가속 팽창으로 전환되었다고 해요.

다키구치 우주 팽창이 가속하고 있다는 말씀이군요.

도타니 네. 감속이 끝나고 가속으로 전환되었어요. 그리고 대체 무엇이 가속으로 전환했는지는 현재 우리가 알고 있는 물리 법칙으로는 규명되지 않았습니다. 아인슈타인 방정식에 있는 상수를 넣으면 설명할 수 있다고 하는데, 다만 그 상수가 어떤 의미를 지니는지 정확히 알 수 없어요. 그래서 우리는 우주 팽창을 가속하는 미지의 에너지라는 의미에서 '암흑에너지'라고 부릅니다.

다키구치 그런데 애초에 우주 팽창은 어떤 현상인가요?

도타니 우리가 살고 있는 은하계에는 태양 같은 별이 약 1,000억 개 있다고 하는데요. 외부를 바라보면 우리 은하와 비슷한 은하가 우주에 산재해 있어요. 산재한 은하를 부감한 결과, 우주가 전체적으로 확장하면서 크기가 커지고 있다는 걸 발견한 것이죠.

가토 다시 말해 은하의 움직임을 관측하여 점점 먼 곳으로 가고 있음을 발견했는데, 먼 곳으로 가는 속도가 조금씩 느려져서 팽창이 감속하고 있다고 생각했다. 그러다 2000년 전후로 '저 은하 왠지 너무 멀어진 것 같은데?'라고 깨달았다, 이런 느낌인가요?

도타니 우주 전체적으로 볼 때 먼 곳에 있는 은하일수록 우리에게서 빠르게 멀어져요. 예를 들어 우리가 대화를 나누는 이 방에 여러 명이 앉아 있는데요. 만약 이 방이 옆으로 쭉 팽창하면 저와 가장 먼 곳에 앉아 있는 사람일수록 더 빠른 속도로 멀어져요. 반대로 저와 가까운 사람은 느리게 멀어지고요.

우주에서도 이 현상이 발생하고 있는데, 우리와 멀리 떨어진 은하를 관측해보면 계속 멀어지고 있다는 것을 알 수 있어요. 심지어 먼 은하일수록 멀어지는 속도가 비례적으로 빨라지고 있고요. 우주가 팽창하고 있다고 가정하면 합리적으로 설명할 수 있지요.

다키구치 그렇군요.

도타니 1930년대에 에드윈 허블*이라는 천문학자가 발견했어요. 그리고 우주에서 먼 곳을 바라본다는 건 과거를 본다는 의미입니다(예를 들어 현재 우리가 보고 있는 태양은 약 8분 전 모습이다). 그래서 우리가 가깝고 먼 다양한 거리의 은하를 관찰하면 예전의 우주 팽창 속도를 알 수 있어요. 그러면 시간이 흐르면서 우주 팽창이 어떻게 변화했는지도 알 수 있습니다. 이제까지는 감속했다가 최근에 가속으로 전환했다는 것도 이런 방법으로 발견했지요.

나카스카 처음부터 계속 가속했던 것이 아니라 이전에는 감속했다는 게 흥미롭네요.

도타니 그게 바로 수수께끼입니다. 매우 부자연스러워요. 우주

---

* 미국 출신 천문학자(1889~1953). 우리 은하 외에도 다른 은하가 존재한다는 사실과 먼 은하일수록 빨리 멀어진다는 법칙(허블의 법칙)을 발견했다. 이를 통해 우주 팽창이 밝혀졌다.

나이가 138억 년인데 하필이면 우리가 살고 있는 이 시대에 아인슈타인이 도입한 우주 상수가 유효하고, 팽창이 감속에서 가속으로 전환했다는 걸 발견했으니까요.

다키구치 우주의 중요한 시기를 우연히 우리가 살아가고 있다는 건가요?

도타니 운이 좋다고 해야 할까요? 오랜 우주 역사에서 감속에서 가속으로 전환한 시기에 우리가 살고 있는데 필연성은 전혀 없어요. 더 오래전에 발생했을 수도 있고, 미래에 발생할 수도 있는 일이죠.

나카스카 이 시대에 살고 있는 우리가 관측 방식을 발견했기 때문에 알 수 있었던 걸까요? 아니면 발견할 수밖에 없던 현상이라는 건가요?

도타니 물론 최신 천문학의 발전 덕분에 발견할 수 있었지만 그와 별개로 감속 팽창에서 가속 팽창으로 전환한 우주사적 전환기(우주 탄생에서 약 100억 년 정도)에 우리가 살고 있다는 의미겠지요. 물리 현상 측면에서 보면 우주사적 전환기가 일어난 것 자체가 부자연스럽긴 합니다.

아인슈타인의
위대함과 한계

가토   아인슈타인이 이 시대에 살고 있다면 답을 풀어낼 가능성이 있을까요?

도타니   사실 아인슈타인이 살아 있던 시대에 이미 감속에서 가속으로 전환되었어요. 다만 아인슈타인 시대에는 관측 기술이 없어서 알 수 없었지요.

가토   그 말씀을 들으니 아인슈타인이 진정한 천재였다는 생각이 드네요. 관측 기술이 없는 시대에 아인슈타인이 생각해낸 이론으로 현재의 물리 법칙 대부분을 설명할 수 있잖아요.

도타니   최근 화제가 되고 있는 중력파*도 아인슈타인이 예측했습니다. 우리는 아인슈타인의 법칙이 옳다는 걸 100년간 계속 확인하고 있지요.

다키구치   아인슈타인의 상대성 이론에 한계는 없나요?

도타니   암흑에너지가 한계일지도 모르죠. 즉 암흑에너지의 정체는 아직 잘 모르지만 아인슈타인 방정식에 상수를 넣어야 설명할 수 있는데요. 다만 값이 부자연스러워서 애초에 아인슈타인의 상대성 이론을 우주 전체에 적용하기에는

---

* 아인슈타인은 질량을 지닌 물체가 있으면 시공에 왜곡이 생기고 그 물체가 운동하면 시공의 왜곡이 광속으로 이동한다고 생각했다. 그 왜곡의 파동이 중력파이며 2015년 미국의 연구팀이 중력파 검출에 성공했다.

충분하지 않을 수도 있어요.

암흑물질을 설명하기 위해 뉴턴의 중력 이론을 수정하려는 움직임도 있었습니다. 잘 풀리지는 않았지만요. 마찬가지로 암흑에너지를 도입하는 대신 아인슈타인의 상대성 이론을 더욱 고도화하려는 시도도 이루어지고 있습니다.

가토 상수란 무엇인가요?

도타니 쉽게 말해 무엇이든 수학적으로 표시한 수치입니다(변하지 않는 일정한 값을 지닌 수나 양-역주). 아인슈타인은 상수를 방정식에 넣었다가 나중에 상수가 필요 없다며 배제했어요. 상수를 넣으면 우주는 멈춰 있다는 결론이 도출되거든요. 자세히 설명하자면 관측 기술이 없던 당시에는 우주가 실제로는 팽창하고 있다는 걸 몰랐기 때문에 아인슈타인은 '우주가 팽창하고 있을 리 없다, 팽창하지도 수축하지도 않고 정지해 있다'고 생각했어요. 하지만 자신이 만든 방정식에 따르면 우주는 팽창한다는 결론이 도출되기 때문에 정적인 우주를 증명하기 위해 방정식을 수정했습니다.

그로부터 몇 년 후에 허블이 우주 팽창을 발견하자 아인슈타인은 자신이 만든 최초의 방정식이 옳았다고 판단했습니다. 그리고 방정식에 우주 상수를 억지로 넣은 게 생애 가장 큰 과오라고 이야기했죠. 그 후로 우주 상수가

	필요 없다고 생각해오다가 2000년 이후 정밀한 관측 결과 아인슈타인의 우주 상수를 넣어야 계산이 맞다고 판명된 것이지요.
가토	신기하군요. 현대의 수학자와 물리학자에게는 대박을 터뜨릴 기회가 주어진 거네요. 상대성 이론으로는 설명하기 어려운 일이 실제로 관측되고 있으니까요. 증명하려는 의욕이 솟을 것 같아요.
도타니	기존 법칙으로는 설명할 수 없는 걸 규명하는 건 대단한 일이지요. 아인슈타인 방정식으로 전부 설명할 수 있다면 우리가 할 일이 없어요. (웃음)
가토	암흑에너지가 규명되면 노벨상을 탈 수 있겠네요.
에사키	도타니 교수님께서는 노벨상 수상보다 원리를 규명하고 싶어 하시지만요. 연구에 온 힘을 쏟으시는 걸 보면 참 대단하다는 생각이 듭니다. 앞으로도 우주를 향해 정진해주셨으면 좋겠어요.

인간이 우주를 바라보는
특별한 이유

다키구치	다음 주제는 나카스카 교수님의 '인간이 우주를 바라보는

이유는 이것 때문이다'입니다. 그 이유가 무엇인가요?

나카스카 바로 '엔트로피를 낮추기 위해서'입니다. 엔트로피에는 열역학 엔트로피와 정보 엔트로피가 있는데 두 가지 모두 무질서함을 의미해요. 난잡하고 흩어져 있으며 예측할 수 없는 상황을 '엔트로피가 높은 상태'라고 합니다. 반대로 구조화와 정리 정돈이 잘되었으며 다음을 예측할 수 있는 상태를 '엔트로피가 낮은 상태'라고 합니다.

지구는 엔트로피가 점점 높아지는 방향으로 가고 있어요. 예를 들어 정리를 잘하면 집이 깔끔해지지만 사용한 물건을 대충 아무 데나 던져두면 점점 지저분해집니다. 이와 마찬가지로 석유와 석탄 등의 화석연료는 엔트로피가 낮은 것을 태워 에너지를 만들어내는데, 이때 이산화탄소가 다량 발생합니다. 이게 바로 엔트로피가 증대되는 과정이지요.

다키구치 알기 쉬운 예시네요.

나카스카 엔트로피에서 중요한 건 폐쇄계에서 어떤 활동을 하든 반드시 엔트로피가 증가한다는 것입니다. 이것이 열역학 제2법칙입니다.

재생지를 예로 들자면 우리는 펄프를 사용해서 종이를 만들고, 종이를 다 사용하면 폐기합니다. 그리고 폐기한 종이를 사용하여 새로운 종이를 만들어내지요. 종이만

놓고 본다면 긍정적인 행위이지만 이 과정에서 매우 많은 에너지가 사용되고 폐기물이 발생합니다. 결국 엔트로피의 총합은 증가하고 있는 것이죠.

이렇듯 국지적으로는 엔트로피가 감소하고 있는 듯해도 전체적으로는 엔트로피가 증가하고 있어요. 사실 어떤 작업을 하든 엔트로피는 증가하기 때문에 아무것도 안 하는 게 최선입니다. 하지만 현실적으로 그러기 어려우니 지구라는 폐쇄계에서는 엔트로피가 점점 증가할 수밖에 없어요.

사실 여러 현상을 엔트로피로 설명할 수 있는데요. 예를 들어 국내에서 산업이 침체하고 실업률이 증가하면 시민들은 불안해집니다. 시민들의 마음속 엔트로피가 증가하고 있는 상태죠.

다키구치 무질서함이 커지는 거네요.

나카스카 그러면 범죄가 증가하고 국내 정세가 악화됩니다. 그렇다면 국내적으로 증가하는 엔트로피를 낮추는 방법에는 무엇이 있을까요?

다키구치 글쎄요. 외부로 눈길을 돌려서 국외로 뻗어나가는 방법일까요?

나카스카 외부로 눈을 돌려 국외로 뻗어간다는 건 해외로 엔트로피를 이전하여 국내 엔트로피를 낮춘다는 의미지요.

결국 그건 전쟁입니다. 전쟁을 벌이면 국내 엔트로피가 감소합니다. 군수 산업이 발전하면 실업률도 낮아지겠지요. 하지만 외부로 엔트로피를 이전한다 해도 총합으로 보면 엔트로피는 꾸준히 증가하는 셈입니다.

반대로 엔트로피가 감소하는 과정에는 무엇이 있을까 생각해보면 아이들의 성장을 예로 들 수 있어요. 성장을 통해 지식이 증가하면 무슨 일이 생길지 내다볼 수 있거든요. 앞을 예측할 수 있다는 뜻이죠. 그런데 아이들이 성장할 때 주변부를 포함한 엔트로피의 총합은 증가합니다. 아이들 주변의 엔트로피가 증가한다는 건 무슨 의미일까요?

다키구치 아이들 주변이 무질서해진다는 거지요?

나카스카 그렇습니다. 아이들은 원래 물건을 잘 부숩니다. 물건을 부수면 엔트로피가 증가하죠. 반대로 아이들이 물건을 부술 때 내적으로는 엔트로피가 감소합니다. 부수는 행위 속에서 뭔가 깨닫게 되거든요. 그래서 아이들이 무언가를 부수기 시작할 때 말리면 안 돼요. 아이들의 성장을 막을 수 있습니다.

모든 분야를 아우르는
엔트로피

나카스카   그런 식으로 생각해보면 엔트로피는 다양한 현상을 설명하는 데 매우 적절한 표현인 듯합니다. 예를 들어 지구온난화 문제와 미세 플라스틱 문제도 전부 엔트로피 증가 법칙(열역학 제2법칙)으로 설명할 수 있어요.

다키구치   인간의 활동으로 지구 전체가 난잡해지니까요.

나카스카   맞습니다. 폐쇄계 엔트로피는 절대적으로 증가한다는 전제를 생각해보면 폐쇄계 자체가 문제입니다. 즉 지구를 폐쇄계가 아니라 개방계로 만들어야 해요.

개방계에서는 다른 세계와 에너지 및 엔트로피를 주고받을 수 있어요. 저는 그게 바로 우주 개발의 궁극적 목적이라고 생각합니다. 인간은 엔트로피 증가에 매우 민감합니다. 예를 들어 아까 언급했듯이 국내 실업률이 증가하거나 여러 불안정성이 생기는 이유는 우리가 엔트로피 증가를 느끼고 있기 때문이에요. 집 안이 어지러우면 기분이 나쁘잖아요. 이와 마찬가지입니다.

따라서 자국과 지구 내 엔트로피 증가를 느끼고 '이대로는 안 된다. 우주와 연결되어야 한다', '엔트로피를 개방해야 한다'고 생각하면서 우주 개발을 추진하는 것이죠. 그게

가토	인간이 우주로 진출하려는 가장 큰 이유가 아닐까요? 지구를 우리 집이라고 가정한다면 '공기가 조금 나빠졌네. 창문을 열까?' 하고 생각하는 것과 같은 느낌인가요?
나카스카	그렇습니다. 그런 마음이 있기 때문에 다들 우주로 가고 싶어 하는 게 아닐까요?
다키구치	어지러운 방과 지구 오염 이야기가 유사하네요. 내부가 혼잡하면 외부로 벗어나고 싶어 하기 때문에 우주로 나가려 하고요.
나카스카	무슨 작업을 하든 엔트로피가 증가한다면 폐쇄계에서는 마지막에 엔트로피가 가장 높은 상태에 이릅니다. 앞을 예측할 수 없고 극도로 혼잡한, 죽음의 상태죠. 사회 전체가 그 상태를 향해 나아가고 있다면 어떻게 해서든 외부로 이전시켜야 해요. 예를 들어 핵 폐기물을 우주로 가지고 나가자는 이야기도 종종 나오는데요. 윤리성을 차치하면 지구에서 처리하지 못하는 엔트로피를 우주에 버려서 지구의 엔트로피를 낮추는 행위가 되지요.
가토	가령 우주 전쟁이 발생하면 지구 내부에서의 전쟁은 더는 발생하지 않는다고 봐도 될까요?
나카스카	(지구 내부 전쟁은) 없어질 거라고 생각해요.
에사키	경제 원리에서도 '확장하는 곳에는 지속가능성이

생긴다'라고 해요. 폐쇄된 장소라는 제약이 있으면 경제가 성장하기 어렵습니다. 디지털 공간이 성장 영역이 된 건 무한으로 확장하는 공간이라 그렇습니다. 이제까지 우리는 지구라는, 물리적으로 폐쇄된 공간에 머물렀지만 우주라는 무한 확장 공간으로 나가면 성장 영역이라서 지속가능성이 생길 겁니다. 그러면 꽉 막힌 듯한 느낌이 사라지고 다음 단계로 나아갈 수 있겠지요.

다키구치 기업 입장에서는 디지털 세계를 개척하는 것과 마찬가지로 우주를 개척해나가는 것이군요.

에사키 예전부터 줄곧 여러 분야에 적용되었던 물리 법칙이에요.

나카스카 맞아요.

에사키 개방된 형태를 만들어야 성장할 수 있어요.

도타니 애초에 생명체는 엔트로피를 낮추는 활동을 합니다. 에르빈 슈뢰딩거*는 "생명체는 음의 엔트로피를 먹고 산다"고 말한 적이 있어요. 요컨대 우리 몸은 뚜렷한 구조가 있고 형체를 유지하고 있지만 죽으면 썩어서 분해됩니다. 그러면 엔트로피가 증가해요. 우리는 그렇게 되지 않으려고 항상 튼튼한 몸을 유지하고 몸속에서 질서정연한 화학 반응을 일으키는데요. 그때 엔트로피는 매우 낮은 상태예요.

---

* 오스트리아 출신 물리학자(1887~1961). 파동 역학을 확립했으며 양자역학론 발전에도 공헌하여 1933년 노벨 물리학상을 수상했다. 저서 『생명이란 무엇인가』에서 '생물은 주변 환경에서 음의 엔트로피를 먹으며 살아간다'고 설명했다.

하지만 결국 엔트로피의 총합은 절대적으로 증가하기 때문에 생명체는 엔트로피를 외부에 버리려 합니다. 생명체 중 일부는 지적 생명체로 진화했고, 그 지적 생명체는 지구에 문명을 만들고 있습니다. 이 문명은 엔트로피를 낮추려 하지만 점점 더 발전하면 언젠가 외부로, 즉 우주에 엔트로피를 버려야 할 겁니다. 문명이 발전하면 필연적으로 우주로 나갈 수밖에 없다는, 매우 논리적인 이야기이지요.

가토 구체적으로 예를 들자면 우주 공간을 이용해 통신하는 것이나 지구에 존재하지 않는 물질을 발견하고 이를 이용하는 것이 '지구 내부 활동을 줄이고 점점 우주로 뻗어간다'는 의미일까요?

나카스카 새로운 입자가 발견되어 지구에서의 삶이 개선될 수 있다는 건 지구의 정보 엔트로피가 낮아진다는 말입니다. 우주에서 발견한 것이 지구의 엔트로피는 낮추는 데 공헌하는 거죠. 정보의 원천이라는 측면에서도 우주는 중요합니다. 지구에서는 얻을 수 없는 정보를 우주로부터 얻을지도 모르니까요.

다키구치 정보를 알면 엔트로피가 낮아지는군요.

나카스카 그렇습니다. 정보를 알면 앞을 예측할 수 있으니 엔트로피가 낮아집니다. 지식의 지평 확대라는 맥락에서 우주가

	중요합니다.
에사키	하지만 인간은 이기적인 면이 있어서 모두가 공공재처럼 정보를 얻는 걸 싫어하기 때문에 그런 상태를 만들고 싶어 하지 않아요.
다키구치	우주의 민간 주도화로 민간 기업이 진출하면 우주에서 얻은 정보를 기업이 인류에게 쉽게 공유할 리 없다는 뜻인가요?
에사키	네. 정보를 공유하는 게 바람직하지만 거스르려고 하겠죠.
다키구치	그게 인간의 본성이군요.

우주판 GAFA가 등장할까?

다키구치	조금 전 '우주의 민간 주도화' 이야기가 나왔는데, 우주판 GAFA도 등장할까요?
나카스카	나타날 거라고 생각해요. GAFA는 성장하면서 정보를 계속 수집해왔는데, 그들이 수집한 정보가 한층 더 정보를 수집하는 원동력이 되었어요. 이건 우주 사업에서도 마찬가지입니다. 현재 스페이스X가 저렴한 로켓을 만들고 있는데요, 고객이 많아지면 발사 횟수가 증가하기 때문에 발사 비용이 더욱 저렴해져서 승자 독식이 되기 쉬워요.

우주판 GAFA가 나타날 가능성은 충분히 있습니다.

다키구치 정보와 지식이 선행 주자에게 점점 쌓이는 거군요.

나카스카 맞습니다. 선행 주자의 특권이에요. 그리고 고객도 선행 주자에 쏠리겠지요.

도타니 실제로 우주판 GAFA가 만들어지면 우주 정부 같은 조직, 예를 들어 지구 연방 정부가 생길 수도 있지요. 또는 정부가 없는 상태가 될 수도 있고요.

다키구치 GAFA가 국가를 만들 가능성도 높지 않을까요?

나카스카 국가를 어떻게 정의하는지에 따라 다르겠지요. 이미 IT와 인터넷 세계에서는 국가 개념이 상당히 변화했습니다. 비슷한 일이 우주라는 무대에서 발생할 가능성은 충분히 있어요.

가토 스페이스X와 평균적인 민간 항공우주기업 간에 격차가 어느 정도인가요?

나카스카 평균적인 민간 기업이 스페이스X를 따라잡는 건 상당히 어려울 겁니다. 스페이스X가 이미 독주하고 있어서 완전히 승자 독식 상태입니다.

가토 이제는 NASA도 스페이스X에게 전부 맡기는 느낌인가요?

(웃음)

나카스카 NASA가 어떤 전략을 취하느냐 하면 기업 몇 개를 선정해 경쟁을 시킵니다. 우주정거장에 우주비행사를 실어 나르는 우주선을 만드는 기업을 선정하기 위한 경쟁인데요. 거기서 최종적으로 스페이스X가 승리했습니다. 그래서 국가 차원에서도 스페이스X를 전면적으로 지원할 수밖에 없어요. 무엇보다 스페이스X가 강해지면 미국도 강해질 테고, 미국 정부는 로켓 발사 수단도 저렴한 비용으로 손에 넣을 수 있겠죠.

가토 스페이스X가 강해지면 미국도 강해지는군요.

나카스카 네. 양자의 이해관계가 일치하여 완전히 단결하며 움직이고 있는 상태예요.

다키구치 우주판 GAFA가 생긴다면 일본 기업은 어떻게 관여할 수 있을까요?

나카스카 일본 내각부 우주정책위원회*에서도 여러 논의를 하고 있는데 현재는 좀 어려운 상황입니다. 하지만 한두 가지라도 일본이 주도권을 쥘 수 있는 것을 만들어나가야 해요. 저는 그걸 딱 집어서 탐색해야 한다고 생각합니다.

가토 나카스카 교수님의 제자 중에 스타트업을 설립한 분도 있잖아요. 스페이스X도 원래 벤처 기업이었다는 걸 생각해보면, 벤처 기업이 먼저 움직이고 이후 대기업이 '사업화할 수 있겠다' 또는 '우리도 할 수 있겠다'고 판단하여

---

* 2012년 일본 우주개발전략본부 산하에 설치된 일본 내각총리의 자문기구. 학자와 우주비행 경험자 등으로 구성되어 있으며 일본의 우주 정책을 효율적이고 효과적으로 추진하기 위해 조사·심의한다.

따라가는 흐름이 많은가요?

나카스카 그런 것 같습니다. 스타트업에서 중요한 건 속도감입니다. 속도가 생명이고 계속 실증해가며 기술을 보여주어야 해요. 저희도 그 속도에 기대를 걸고 있지요. 벤처 기업도 많이 생기고 있고요. 창업 10년 후에 살아남은 벤처 기업은 10% 정도라는 말이 있는데요. 그만큼 살아남은 벤처 기업은 강하겠지요.

가토 우주 개발을 위해서는 대기업이 움직이는 것보다 스타트업이 다양한 시도를 해서 빠르게 최단화를 지향하는 게 좋은가요?

나카스카 대기업은 속도가 더뎌요. 프로젝트 개시 승인 과정에 시간이 너무 많이 걸립니다. 이제 그렇게 하면 안 돼요.

가토 현재 일본에서는 민간 기업이 위성을 발사하고 있는데요. '우주로 나가는 것과 관련된 기술'이 핵심 기술인가요?

나카스카 우주로 나가는 게 중요하지요. 다만 지금은 우주로 가는 데 비용이 너무 많이 들어요. 그래서 우주에서 하는 모든 일에 큰돈이 들죠. 이 부분이 저렴해지면 상황이 굉장히 달라질 겁니다. 우주 엘리베이터의 궁극적인 목표가 바로 이 점이에요. 우주 엘리베이터가 실현되면 비용이 상당히 절감되기 때문에 우주로 가는 게 매우 편해지겠지요.

다키구치 그럼 현재는 스페이스X 1강 구도이지만 우주 엘리베이터 등장이 게임 체인저(판도를 완전히 뒤집는 인물이나 사건 또는 아이디어-역주)가 될지도 모른다는 것이군요..

나카스카 그렇습니다. 매우 먼 미래의 일이라고는 생각하지만요.

에사키 저는 일본의 미래를 걱정하지 않아요. 기술이 점점 민간 주도화되고 있으니까요. 나카스카 교수님 같은 분들이 열심히 최신 기술을 손에 넣는다면 GAFA와 동일한 수준의 영향을 더욱 적은 자원으로 실현할 수 있을 겁니다. 또한 최근 GAFA 중에 한 회사가 사람들의 신뢰를 잃고 있어요. 그런 상태가 지속되면 그들의 비즈니스도 위태로워지겠지요. 결국엔 GAFA 서비스를 잘 활용하면서 동시에 GAFA 외의 인재들이 새로운 기술을 만들어나가면 되지 않을까요?

인류는 그런 과정을 반복하며 발전해왔어요. 기술이 발전하면 상황을 바꿀 힘이 반드시 생깁니다.

인공 동면을 하면 어디든 갈 수 있다

다키구치 이번에 나눌 이야기는 에사키 교수님의 주제 '인공 동면으로 어디든 갈 수 있다'입니다.

에사키   태양계에서 가장 가까운, 지구와 유사한 별이 4광년 거리에 있는데요. 4광년이란 빛의 속도로도 4년 걸린다는 의미입니다. 앞서 우주 공간은 저항이 없기 때문에 매우 빠르게 움직일 수 있다는 말이 나왔는데, 그래봤자 빛의 속도는 넘을 수 없어요.

도타니   맞습니다. 빛의 속도는 넘지 못하지요.

에사키   멀리 가기 위해서는 시간과 싸울 수밖에 없어요. 그러면 우리는 어떻게 우주 여행을 할 수 있을까요? 결론은 동면입니다. 실제로 동면 기술이 개발되고 있습니다. 동면이 가능하면 달처럼 가까운 곳뿐만 아니라 더욱 먼 곳으로도 갈 수 있죠. 태양계에서 가장 가까우면서 지구와 유사한 별로 갈 수도 있고요.

다키구치   우주 여행이 등장하는 SF 영화에서 캡슐에 들어가 동결되는 장면이 나오는데 그런 것과 같나요?

가토   제가 만약 4광년 떨어진 별에 간다고 하면 크게 세 가지 방법이 있어요. 첫 번째는 방금 말씀하신 동면, 즉 세포의 움직임을 멈춰 시간 경과를 없애는 패턴입니다. 두 번째는 노화 방지입니다. 세 번째는 레키모토 교수님께서 말씀하셨던 복제입니다. 복제라고 해봤자 결국 죽는 것과 마찬가지 아니냐고 볼 수도 있지만 디지털 데이터로 기억을 보존함으로써 계속 살아가는 것이죠. 이렇게 세 가지 방법을 떠올려봤는데, 이 중 어떤 게 좋을까요?

나카스카 실제로 미국에 인공 동면을 이미 사업화한 회사가 있어요. 살아 있을 때 계약하고 죽음을 맞기 전에 인공 동면 기계에 들어가는 방식입니다. 계약자들이 1,000년 후에 기술이 발전하면 자신의 병을 고칠지 모른다는 기대를 품고 인공 동면에 들어가는 것이죠.

다키구치 영화에서 그런 설정을 본 적 있어요.

나카스카 그게 현실이 된 셈이죠. 동면된 사람을 부활시키는 건 현재 기술로는 어려우니 미래에 맡기고요.

다키구치 위험성이 걱정되네요.

나카스카 하지만 어차피 인간은 죽기 때문에 그 정도 희망은 품어도 괜찮지 않을까요?

도타니 인공 동면이 흥미로운 이유는 먼 곳뿐만 아니라 미래로 가는 수단이기도 하기 때문입니다. 그런 의미에서 과학자 중에 인공 동면을 하고 싶다는 사람이 꽤 있지 않을까 싶어요. 예를 들어 암흑에너지 수수께끼를 알고 싶어서 말이죠. 우리도 열정적으로 연구하고 있지만 100년 안에 암흑에너지가 규명될지 알 수 없거든요. 그런데 무슨 일이 있어도 암흑에너지의 수수께끼를 꼭 알고 싶은 사람은 200년 후에 암흑에너지가 규명되었을 거란 기대를 품고 인공 동면을 할 수도 있겠죠. 이와 같은 이유로 죽기 전에 인공 동면을 하는 과학자가 꽤 있지 않을까요?

다키구치 재밌네요. 그럼 과학자들 사이에서 인공 동면이 유행할 수도 있겠어요.

에사키 흥미로운 건 시간은 앞으로 흘러가지만 현재 우주에서 우리가 보고 있는 건 과거라는 거예요. 패러독스이지요. 과거의 빛을 보고 있음에도 불구하고 미래로 갈 수 있어요. 실제로 그곳에 도착했을 때 어떻게 되어 있을지 궁금해요.

가토 그렇네요. 실제 가보면 예상과 전혀 다를 수도 있고요.

다키구치 다른 이야기를 잠시 꺼내자면 나카스카 교수님께서는 "유전공학으로 우주에서 살 수 있는 인간을 만들지도 모른다"고 말씀하신 적이 있죠?

나카스카 맞습니다. 예전에 리처드 도킨스*의 『이기적 유전자』라는 책을 읽고 무척 감명받았어요. 그 책에 따르면 유전자가 생명의 본질이고 인간은 환경에 적합한 생물을 고르기 위한 실험 재료 중 하나라고 해요.

다키구치 유전자에게 인간은 기계에 불과하다는 거군요.

---

* 영국 출신 생물학자이자 동물행동학자(1941~). "생물은 유전자의 생존 기계에 지나지 않는다"고 표현하며 자연 선택의 실질적인 단위는 유전자라는 진화의 유전자적 관점을 제창했다. 저서로 『이기적 유전자』 『에덴의 강』 『리처드 도킨스의 진화론 강의』 등이 있다.

인간의 지능을 깊이
파고들면 보이는 것

나카스카 네. 하지만 깊이 파고들면 '왜 인간 같은 고도의 지능을 만들었는가?' 하는 의문이 솟아요. 유전자가 항상 옳은 일을 한다면 왜 인간 같은 위험한 걸 만들었을까요? 핵전쟁으로 지구 전체를 멸망시킬 수도 있고, 엔트로피를 늘려 지구를 망칠 수도 있잖아요. 어째서 고도의 지능을 지닌 인간을 만들었을까요? 책을 읽은 후에 곰곰이 생각하다가 세 가지 해석을 찾았습니다.

첫 번째는 '유전자도 과오를 범한다'는 해석입니다. 현재 유전자는 '이런 고도의 지능을 만드는 게 아니었어, 실수했네' 하고 반성하고 있다는 것이죠. 두 번째 해석은 어떤 시도를 하는 과정이라는 겁니다. 무슨 말이냐면 우선 유전자가 만든 생물의 계통수 맨 끝에 두 종이 있는데요. 하나는 포유류 꼭대기에 위치한 인류입니다. 지능은 높지만 호모 지니어스(동종·동질)라서 예컨대 강력한 전염병이 돌아서 1명만 사망해도 결국 전원이 사망해요. 나머지 하나는 지능은 낮지만 다양성이 엄청난 절지동물인 곤충입니다. 곤충은 다양성이 커서 개별 개체의 기능은 낮지만, 가령 핵전쟁이 발생해도 누군가는 살아남을 수 있어요. 그래서 소수 정예의 호모 지니어스인 인류와 절지동물 중 누구에게 자신의 미래를 맡길지 유전자가 시험하고 있다는 것이죠.

다키구치 인류인가, 동물인가 선택하는 구도군요.

가토 만약 유전자가 우주를 목표로 하고 있다면 지능이 필요하겠죠.

나카스카 그래서 세 번째 해석이 무엇인가 하면 '고도의 지능을 지닌 인간에게 유전자가 무언가 기대하는 게 있다'는 것입니다. 저는 그게 '유전자 변형'이라고 생각해요. 이제까지 자연선택에는 많은 시간이 소요되었어요. 게다가 환경에 적응한 것만 살아남고요. 즉 지구에서의 유전자 진화 과정에서는 아무리 애써도 우주에서 살아남을 만한 게 생기지 않아요. 역으로 이야기하면 '이 유전자는 이런 환경에서도 생존한다'는 걸 알면 우주에서 살 수 있는 생물을 유전공학으로 만들 수도 있겠죠. 이게 바로 고도의 지능을 지닌 인간에게 유전자가 기대하고 있는 것이 아닐까요?

도타니 신의 영역에 발을 들여놓는 것 같네요. 그러면 진화의 성격이 완전히 달라지겠어요. 유전자가 의지를 가지고 있는지는 모르겠지만 생물학적으로 볼 때 진화는 이런 거예요. 유전자가 무작위로 변형되는 과정에서 대부분의 실패작과 드문 성공작이 나오는데, 이 성공작을 통해 진화가 진행됩니다. 이런 과정이 몇십억 년 동안 이어져왔죠. 하지만 유전공학은 생명체가 자신의 의지로 유전자를 변형하여 진화를 의도적으로 일으키는 겁니다. 그러면 진화의 개념이 완전히 달라지죠. 그때 무슨 일이 일어날까요? 매우 흥미로우면서도 동시에 조금 무섭기도 하네요.

다키구치 유전자가 인간의 지성에 유전자 변형을 기대하고 있다면 말이죠.

나카스카 저는 그렇다고 생각해요.

가토 이제까지 '유전자가 바뀌어서 이렇게 되었다'면 앞으로는 '원하는 대로 유전자를 바꾸자'로 역전되겠네요.

나카스카 다시 말해 인간은 역으로 추론할 수 있는 지혜를 가지고 있어요. 그게 바로 유전자가 기대하고 있는 것일 수도 있죠.

가토 기존의 유전자로는 이웃 은하에 갈 수 없었지만, 그것이 가능하도록 인간이 만들어졌다는 거군요.

우주복 없이 우주에 갈 수도 있을까?

나카스카 지금 우리가 우주에서 활동하려면 우주복을 입어야 하는데 우주복은 매우 불리한 요건입니다. 우주 공간에서 살아가기에 꽤 불편하겠죠. 커다란 스페이스 콜로니라도 만든다면 모르겠지만 그래도 부담은 클 겁니다. 하지만 미래에는 우주복을 입지 않아도 우주 공간에 갈 수 있을지도 몰라요. 즉 현재는 산소를 이용해 연료를 태워서 에너지를 얻고 있지만 미래에는 산소를 이용하지 않고 태양에서 에너지를 얻는 방법을 발견할 수도 있습니다. 또는 진공의 우주 공간에서도 폭발하지 않는 외골격을 갖추든지요.. 그런 생물을 만들어낸다면 우주에서 활동할 수 있어요.

가토 하지만 지구 외 생명체는 발견되지 않았는데요.

도타니 네, 아직 발견되지 않았어요.

나카스카 다만 지구에서 우주로 데려가도 살 수 있는 생물은 발견되었어요. 외골격 곤충입니다. 우주 공간에서는 동면 상태에 들어간 것처럼 움직이지 않지만 지구로 돌아오면 다시 살아나요.

다키구치 물곰*인가요?

나카스카 그렇습니다. 그런 생물은 이미 존재해요.

도타니 물곰 같은 생물이 운석을 타고 화성에서 지구로 이동했을 가능성도 있겠네요.

에사키 앞으로 인류는 '유전자가 아닌 유전자'를 발견할지도 몰라요. 그도 그럴 것이 현재 우리는 유전자를 '개체를 만들기 위한 프로그램'이라고 생각하지만 지구가 의지를 가지고 있을 수도 있잖아요. 지구라는 집합체의 프로그램이 존재할 수 있고요. 어쩌면 암흑물질과 연관 있을 수도 있지요.

다키구치 재밌네요. 이야기가 점점 확대되는 것 같아요.

에사키 지구에서는 어찌 됐건 논리가 작용하고 있는데, 우주 차원에서는 그 논리가 다를 가능성도 있으니까요.

다키구치 지구 전체가 하나의 생명체라는 말씀인가요?

에사키 그럴 수도 있지요.

나카스카 아서 C. 클라크의 작품 중에 『유년기의 끝』이라는 소설이 있어요. 개별 개체가 사라지고 단일 지성체로 진화한다는 이야기입니다. 방금 하신 이야기를 듣다가 계속 진화하면 마지막에는 그렇게 될 수도 있지 않을까 상상했어요.

에사키 곤충도 집단을 형성하면 지적 활동을 하는 것처럼 보이는

---

* 크기가 0.1~1밀리미터이며 네 쌍의 8개로 된 땅딸막한 다리를 지닌 완보동물이다. 형태가 곰과 비슷해 물곰이라고 불린다. -237℃에서 100℃의 온도, 7만 5,000기압의 진공, 수천 그레이의 방사선을 견디며 우주 공간에 10일간 있어도 생존이 확인될 정도로 내성이 매우 높다.

	경우가 있어요. 그건 아마 유전자 프로그램 때문일 수 있습니다.
도타니	인간 한 사람 한 사람이 세포이고 그 많은 세포가 사회를 형성한다고 생각하면 국가가 하나의 생물이라는 사고방식도 가능하지요.
다키구치	정말 재밌는 이야기네요.

지구에 접근하는 소행성을
감시하는 기관

다키구치	마지막 주제는 도타니 교수님의 '지구에 접근하는 소행성을 감시하는 기관이 있다'입니다.
도타니	암석 상태인 태양계의 작은 천체가 지구로 낙하한 것이 운석입니다. 크기가 작은 것부터 큰 것까지 다양한데 유명한 예시를 들자면 공룡을 멸종시킨 운석은 지름이 대략 10km였어요. 이 운석이 약 6,500만 년 전에 지구로 떨어진 것입니다. 아마 1억 년에 1번 정도는 그런 일이 발생할 가능성이 있어요. 물론 2억 년 후가 될 수도 있고 내일 당장 일어나도 이상하지 않습니다.
그리고 공룡 멸종까지는 아니더라도 인류에게 그만큼

피해를 줄 운석이 찾아올 빈도는 더욱 높습니다. 그러면 항상 우주를 모니터하고 위험한 소행성과 암석이 없는지 조사하는 것이 매우 중요하겠지요. 실제로 지상의 천문 관측을 통해 미지의 소행성이 계속 발견되고 있는데, 그 소행성들의 궤도를 계산해서 지구와 부딪칠지 조사하는 사람들이 있습니다. 매우 중요한 일을 하고 있어요.

다키구치 넷플릭스에서 2021년 공개된 영화 〈돈 룩 업(Don't Look Up)〉이 유사한 주제를 다루었어요. 거대 혜성이 지구로 근접하여 충돌 위기를 맞이하는데, 그런 상황에서 지구인들이 어떻게 행동하는지를 다룬 내용이죠. 작중에서는 천문학자가 지구로 다가오는 혜성을 가장 먼저 발견하는데 사람들은 학자의 말을 제대로 듣지 않고 음모론자 취급을 합니다. 그런 의미에서 전문가와 대중의 커뮤니케이션이 얼마나 어려운지 잘 묘사한 영화였어요. 실제로 지구와 부딪칠 수 있는 혜성이나 소행성이 있나요?

나카스카 '1950DA'라는 지름 1.1km 정도의 거대 소행성이 2880년에 약 0.3%의 확률로 지구와 충돌할 수 있다는 이야기가 있었어요. 지구와 정말로 충돌한다면 1억 년에 1번 정도 일어날 법한 대참사가 발생하겠죠. 하지만 지금은 궤도가 약간 바뀌어서 0.02% 정도까지 확률이 떨어졌어요. 역으로 생각해보면 앞으로 소행성의 움직임이 어떻게 변하는지에 따라 확률이 다시 올라갈 가능성도 있겠지요. 이처럼 지구는 항상 위기에 노출되어 있어요. 그래서 스페이스 가드(Space Guard)와 NASA 산하의 행성방위조정국(PDCO) 등 소행성을 감시하는 기관이 있습니다.

가토 관측만 하고 연구는 하지 않는 곳인가요?

도타니 스페이스 가드는 관측만 합니다. 다만 망원경으로 우주를 들여다보고 있기 때문에 그 데이터를 사용해서 천문학 연구는 할 수 있어요. 예를 들어 위험한 소행성을 찾다가 무언가 특이한 천체를 발견할지도 모르지요. 실제로 스페이스 가드의 망원경으로 폭발 현상이 발견되어 천문학계가 떠들썩해진 적도 있었어요.

다키구치 그건 어떤 현상인가요?

도타니 태양보다 무거운 별은 대폭발과 함께 최후를 맞이하는데요. 이를 초신성 폭발이라고 해요. 또한 감마선 폭발이라는, 강렬하고 에너지가 큰 천체 현상이 있어요. 이것도 무거운 별이 일생을 다할 때 100초 정도 빛을 낸 후에 사라지는 현상입니다. 감마선은 우리 눈에 보이지 않지만 감마선 폭발의 에너지는 계산하기로 육안으로도 충분히 보일 수 있는 밝기예요.

다키구치 그런 천체 현상은 매일 같이 발생하나요?

도타니 네. 게다가 우리 은하와 먼, 약 100억 광년 떨어진 우주

저편에서 발생한 대폭발이 관측되기도 했어요. 감마선 폭발과 초신성 폭발로 중력파가 발생하는 천체 현상은 현재 천문학의 매우 큰 주제 중 하나입니다.

가토 그 폭발을 통해 운석이 탄생하나요?

도타니 운석이 될 수 있는 태양계의 작은 천체를 탐색하던 중에 더 먼 곳의 폭발 현상도 발견했다는 의미입니다.

에사키 운석은 에너지가 매우 작아요. 하지만 초신성 폭발은 어마어마한 에너지를 지니고 있습니다. 초신성 폭발로 생긴 작은 암석이 지구로 향할 수는 있지요.

가토 그렇군요. 그런데 소행성은 대체 어디에서 오나요?

도타니 태초에 우주에 수소와 헬륨밖에 없었어요. 인체를 이루고 있는 탄소와 산소는 별들의 핵융합 과정에서 만들어졌고 초신성 폭발로 탄소와 산소가 퍼져나갔습니다. 우주 공간에는 탄소 원자가 많이 떠다니고 있어요. 소행성 등의 암석 천체는 어떤 경위로 생기는가 하면 우선 태양이 탄생하고요. 그 주변에 가스 원반이 생긴 다음 그 속에서 탄소와 철 등이 응축되어 모래알이 됩니다. 모래알이 점점 합체되면서 암석과 소행성이 되고, 소행성이 합체되어 지구 같은 행성이 됩니다. 운석의 바탕이 되는 암석은 갓 만들어진 태양 주변에서 점점 성장하면서 생성돼요.

소행성과 충돌하면
인류는 어떻게 될까?

다키구치   만약 소행성이 지구로 향한다면 어떤 반응이 일어날까요?

도타니   운석이 지구와 충돌하여 생명체가 커다란 타격을 받는다면 인류에게는 끔찍한 일이 일어나겠죠. 그런데 『이기적 유전자』의 관점에서 생각해보면 운석 충돌은 지구 생명체에게는 긍정적인 일일 수도 있어요. 그도 그럴 것이 애초에 운석 충돌로 공룡이 멸망했기 때문에 포유류가 번영할 수 있었거든요. 지구 전체적으로는 대량 멸종이 발생하지만 그 후에는 반드시 진화도 가속됩니다. 유전자가 '조금 더 진화하고 싶다. 인류는 방해되니 운석을 떨어뜨려야지'라는 의도를 가질 수도 있지 않을까요?

가토   하지만 인류는 지능을 갖고 있으니까 충돌을 어떻게 해서든 막으려고 할 텐데요. 구체적으로 어떤 방지책이 있을까요?

나카스카   영화에서 자주 묘사되었죠. 예를 들어 〈딥 임팩트〉나 〈아마겟돈〉(둘 다 1998년 개봉)에서는 소행성에 폭약을 설치하고 폭발시켜서 작은 파편으로 만들어 충돌을 회피했습니다.

다른 방법도 있어요. 1962년에 개봉된 일본 영화 〈요성

고라스)에서는 요성 고라스라는 별이 지구와 충돌하는 궤도로 진입합니다. 필사적으로 충돌을 막기 위해 미국은 고라스를 폭발시키려고 해요. 그런데 일본은 다른 방법을 선택합니다. 남극에 로켓 엔진을 다량 설치하여 지구를 움직이려 했어요. 아무리 소행성일지라도 파괴해서는 안 된다는 것이지요. 만물에 신이 깃들어 있다는 종교(일본 고유의 민족 종교인 신도神道를 의미함-역주)를 지닌 일본인다운 발상이에요. 미국보다 좋은 발상인 것 같아요. (웃음)

다키구치 소행성이 아니라 지구를 조금 움직이는 방법이군요.

도타니 이야기를 들으니 생각났는데요, 얼마 전에 천문학 분야에서 흥미로운 논문이 발표되었어요. 지구로 접근하는 소행성을 역이용하여 지구온난화를 해결하자는 내용입니다.

태양계의 소행성대(소행성이 많이 모여 있는 화성과 목성 사이의 지역-역주)에는 소행성이 다수 존재합니다. 논문 내용에 따르면 먼저 그중 크기가 큰 소행성에 엔진을 달아 지구 근처로 데리고 옵니다. 커다란 소행성이 지구 옆을 스치고 지나가면 지구 궤도가 바뀌는데요. 이를 계산하여 지구를 태양에서 조금 멀어지게 만드는 것이죠. 지구가 태양에서 멀어지면 지구 온도는 내려갑니다. 이 방법으로 온난화를

	해결할 수 있다는 논문이에요. 다만 프리프린트 서버*라서 심사는 받지 않은 모양이지만요.
가토	소행성에 대처해야 할 때 현실적으로 폭발시키는 방법밖에 없을까요?
나카스카	그렇지요. 다만 그렇게 대처하느냐는 소행성 크기에 달려 있어요. 미국이 주도하겠지만 각국의 협력도 필요하고요. 조금 전에 소개한 〈요성 고라스〉에서도 여러 국가의 원자력 엔진이 필요해서 원자력 기술과 정보를 상호 공개해야 하는 장면이 나와요. 하지만 각국은 중요한 원자력 기술을 공개하고 싶어 하지 않아서 논쟁이 발생하는데요. 그때 지구를 위해 원자력 기술을 공개해야 한다며 모두를 설득한 사람이 일본인이라는 설정이죠. 현실에서도 그러면 좋겠네요.
다키구치	합의 형성에 이르기가 어렵겠다는 상상은 드네요.
에사키	결국 전 세계가 손잡지 않으면 우주의 위협은 해결할 수 없어요. 지금은 각국이 다투고 있지만 위협에 대비하여 협력 체제는 정비해두어야 합니다. 손을 맞잡고 핵에너지를 사용할 수 있도록, 모두가 기술을 가지도록 해야 해요. 불균등이 존재하면 협력은 불가능하죠. 위기 때 손을

---

* 연구자를 통한 평가와 검증이 이루어지지 않은, 심사 전 학술논문을 읽을 수 있는 서버다. 심사 전이기 때문에 오류와 날조 등 불안 요소는 있으나 심사에 시간이 오래 걸리기 때문에 자신의 연구 결과를 빠르게 학술 커뮤니티에 알리기 위해 공개하는 연구자가 많다.

	맞잡자고 합의하면 좋을 것 같아요.
가토	운석 발견에서 지구 충돌까지 실제로 며칠 정도 유예가 있을까요?
도타니	궤도에 따라 다르겠지만 1개월에서 1년 정도일 겁니다. 물론 그전에 발견될 가능성도 충분히 있어요.
다키구치	1개월이면 시간이 부족하겠어요. 그러면 대응 방침을 처음부터 확실히 정해두는 게 좋지 않을까 싶네요.
가토	멸망까지 1년 남았다면 인간의 본성이 나올 것 같아요.
도타니	핵미사일을 모두 사용해도 움직이지 못할 정도의 무거운 소행성이라고 판명되면 지구를 탈출하는 수밖에 없어요. 현재 기술을 이용해 지구를 탈출한다면 누가 탈출할지 정해야겠지요. 그러면 엄청나게 비참한 다툼이 발생하지 않을까요?
다키구치	정보가 어디까지 퍼질지의 문제도 있고요.

우리에게 설렘을 주는
우주

다키구치	조금 스산한 느낌으로 끝나는 듯하지만 종료할 시간이 되어서 마지막으로 한 분씩 소감을 듣고 마무리하겠습니다.

	우선 에사키 교수님부터 말씀해주세요.
에사키	리처드 도킨스의 『이기적 유전자』가 우주와 매우 깊이 관련되어 있다는 걸 나카스카 교수님께 배웠어요. 다른 분야의 연구자가 모여 이야기하면 새로운 발견이 생기네요. 조금 더 모여서 대화를 나누면 좋겠다는 생각이 들었습니다.
도타니	저는 이학부에서 순수한 과학적 재미를 위해 천문학을 연구하고 있는데 테크놀로지가 전문 분야인 두 분에게 재밌는 이야기를 듣고 굉장히 자극을 받았어요. 예를 들어 갈릴레오 갈릴레이는 망원경이라는 새로운 기술이 등장하고 나서 우주에 대해 더 깊이 이해할 수 있었지요. 이번에 두 분께 기술 발전 가능성에 대해 듣고 나니 우주와 암흑에너지를 이해하기 위해 제가 무엇을 할 수 있을지, 또 새로운 천문학을 어떻게 연구해야 할지 곰곰이 고찰해보고 싶어졌습니다.
나카스카	우주라고 하면 아무래도 지구 관측과 통신이라는, 일종의 사회 이익이 될 만한 걸 떠올려요. 그리고 비즈니스를 생각하지요. 하지만 우주는 그뿐만이 아닙니다. 우리는 왜 우주에 가고 싶어 하거나 우주 이야기를 들으면 설렐까요? 이 질문에 대한 대답으로 우주와 인간의 관계를 살펴봐야 하지 않을까 싶습니다. 매우 흥미로운 대담이었습니다.

가토 이번 대담은 규모가 장대하네요. '아인슈타인을 한번 넘어보자', '우주에 국가도 생길 수 있다'는 이야기가 나와서 좋았어요. 향후에 그런 사람들이 나타나면 재밌을 것 같습니다.

다키구치 우주 편은 여기서 마무리하겠습니다. 감사합니다.

대담을 마치며

우주는 더 이상 먼 미래의 이야기도, SF 소설 속 이야기도 아닙니다. 온라인 쇼핑몰(조조타운-역주) 창업자 마에자와 유사쿠, 아마존 창업자 제프 베이조스 등 민간인이 우주에 다녀왔다는 뉴스가 종종 들리니까요. 도쿄대학교 공공정책대학원에는 우주 정책을 전문으로 연구하는 학생도 있고 공공정책과 공학부 분야를 횡단적으로 연구하기도 합니다.

공학 분야의 우주 연구는 그야말로 사회 적용 단계에 진입했습니다. 제가 사회자를 맡은 방송에도 매달 우주 분야의 스타트업 경영자와 전문가가 출연하는데 우주 분야는 아직 블루오션임에도 불구하고 앞을 내다본 사업이 잇따라 등장하고 있어 놀라울 따름입니다. 새로운 분야에 도전하고 싶어 하는 학생과 사회인들에게 문이과를 불문하고 지구뿐만 아니라 우주를 연구하고 커리어를 쌓기를 추천합니다.

이번 대담에서 나카스카 교수님이 인류의 우주 진출 흐름과 우주 진출의 필연성을 엔트로피 법칙으로 설명하셨는데 매우 참신했고 시야가 탁 트이는 기분이 들었습니다. 그 외에 예를 들어 상품 가치도 엔트로피 법칙으로 설명할 수 있는데, 엔트로피 법칙을 인간의 우주 진출 이유에 적용한 것처럼 많은 현상에 규모를 달리하여 유사성을 포착해보면 현상을 깊이 이해하고 새로운 발견도 다수 나올 것입니다.

다키구치 유리나

지식 거인들의 Q&A

Q 죽은 사람을 포함해 한 사람과 만날 수 있다면 누구인가요?

레키모토 얀 페르메이르입니다. 정말로 카메라 오브스쿠라(카메라의 어원이 된 장치로 작은 구멍을 뚫어놓은 암상자-역주)를 사용했는지 밝히고 싶어요.

고다 갈릴레오 갈릴레이입니다. 과학에 수학을 도입해 정성적 고찰에서 정량적 고찰로 진화를 이루게 하여 폭발적인 과학 발전의 기반을 구축한 갈릴레이에게 연구 배경과 철학에 대해 묻고 싶어요.

에사키 니노미야 손토쿠입니다. 19세기 일본 에도 시대에 위기에 빠진 가문을 재건하며 활약한 인물인데 "도덕 없는 경제는 죄이며 경제 없는 도덕은 허언"이라는 신념이 있었어요.

구로다 작가 고바야시 히데오입니다(작가 사카이야 다이치와 시바

나카스카 가쓰 가이슈입니다. 에도 무혈개성(일본 구 막부와 신 정부 사이에 에도성을 둘러싸고 벌인 협상-역주)을 이루어낸 일본 막부 시대 말기(19세기 중후반)의 정부 요인인데 발상·구상력·수완이 대단했습니다.

도타니 아무래도 아인슈타인이지요. 아인슈타인과 뉴턴은 물리학자에게 특별한 존재예요. 현대로 환생한 아인슈타인에게 암흑물질과 암흑에너지 문제를 어떻게 생각하는지 물어보고 싶어요!

신쿠라 딱히 떠오르는 인물이 없네요.

도미타 제 할아버지요. 사춘기 때도 그렇고, 항상 저를 응원해주셨어요. 장례식 때 묘 앞에서 치료약을 만들어 의학에 공헌하겠다고 맹세했는데 현재 상황을 알려드리고 싶네요.

Q **여러분의 스승은 누구인가요?**

레키모토 기무라 이즈미 교수(지도교수), 생태학자 우메사오 다다오(제 롤모델이자 폭넓은 사상을 가졌으면서 소탈하신 분)입니다.

고다 다양한 곳을 전전해서 그런지 딱히 없어요.

에사키 무라이 준(게이오대학교 교수)입니다.

구로다 이제껏 만난 많은 분, 특히 고야마 스스무(전 도시바 임원-역주) 께서는 캘리포니아대학교 버클리 캠퍼스 유학 기회를 제공해주셨고, 사쿠라이 다카야스 도쿄대 교수님께서는 연구 방향을 알려주셨어요.

가와하라 도쿄대학교의 아오야마 유키 명예교수와 모리카와 히로유키 교수님입니다.

나카스카 위성 개발 분야의 스승인 다나베 도루(전 도쿄대학교 교수), 밥 트위그스(전 스탠포드대학교 교수), 그리고 전략 수립 방면의 스승인 가사이 요시유키(전 일본 우주개발위원회 위원장)입니다.

도타니 대학원 시절 제 지도교수였던 사토 가쓰히코 교수님 (도쿄대학교 명예교수-역주)입니다.

신쿠라 혼조 다스쿠 교수님(교토대학교 명예교수이자 2018년 노벨 생리의학상 수상자-역주)입니다.

도미타 제 아버지입니다. 평일에는 바쁘게 일하면서 술을 많이 드셨고 주말에는 취미인 골프에 매진한 샐러리맨이었죠.

신쿠라 레이코 × 도미타 다이스케 × 고다 게이스케

누구나 무탈하게 큰 병 없이 살아가고 싶지 않을까요? 마지막 대담의 큰 주제는 '질병과 생명'입니다. 대담 참여자 중 먼저 신쿠라 레이코 교수님은 노벨 의학생리학상을 수상한 혼조 다스쿠 교수님 밑에서 연구 생활을 시작했습니다. 현재 장내 환경에 크게 공헌할 수 있는 IgA 항체(면역글로불린A)를 연구하고 있지요. '장활'(장내 환경 개선 활동-역주)이라는 키워드가 대변하듯이 오늘날 세간에서도 장내 활동이 주목받고 있는데요. '요구르트는 과연 도움이 될까?'라는 소박한 의문을 비롯해 그가 펼치는 최첨단 지식은 한 번쯤 읽어보면 좋은 내용입니다.

그리고 치매 연구에 종사하는 도미타 다이스케 교수님은 원래 문과를 지망해서 그런지 조금 독특한 경력을 갖고 있으며 전문 분야를 알기 쉽게 전하는 능력으로 정평이 나 있습니다. 고령화 사회에서 중요성이 점점 더 커지는 사안에 대해 언급했습니다.

마지막으로 고다 게이스케 교수님께서 Part 1에 이어 이번 대담에도 참여하셨습니다. 앞선 두 교수님의 이야기에 흥미로운 대답을 곁들이면서 '일본의 연구실 예산'이라는 현실적이고 심각한 주제를 다루었습니다. 국가를 초월해 다양한 대학과 연구기관을 경험해온 교수님만이 내놓을 수 있는, 설득력 있는 분석과 제언이었습니다.

PART 4

질병과 생명

다키구치 이번은 생명과학 편으로 바이오가 주제인데요. 특히 '장과 뇌' 이야기를 많이 듣고 싶습니다.

가토 이제까지는 공학 계열 이야기가 많았는데 이번에는 자연과학이군요. 건강을 신경 써야 하는 나이에 접어들어서 그런지 기대됩니다.

다키구치 이번에도 '10년 후의 세계'를 키워드로 하여 교수님들과 사전 인터뷰를 진행했어요. 인터뷰 때 나온 흥미로운 발언과 인상적이었던 단어를 대담 주제로 정했습니다. 우선 도미타 교수님의 주제 '뇌에 쌓인 노폐물이 치매를 유발한다'입니다. 뇌에 노폐물이 쌓인다는 건 처음 듣는데요, 어떤 내용인가요?

뇌에 쌓인 노폐물이
치매를 유발한다

도미타 뇌는 기억과 감정을 관장하는 기관이며 그 안에서 단백질이 생성되고 파괴되는 과정이 되풀이됩니다. 그 과정에서 나이가 들면 노폐물이 조금씩 뇌 속에 쌓여서 청소를 미룬 듯한 상태가 됩니다. 침대 밑에 있는 먼지는 처음에는 양이 아주 적어서 눈에 띄지 않지만 시간이 경과하면 점점 쌓여요. 이와 비슷한 일이 뇌에서도 일어나는 거죠. 그리고 그 노폐물이 최종적으로 뇌의 신경세포를 죽입니다. 이런 과정이 지속되면 치매가 발생한다는 것이 현재까지 알려진 내용입니다.

다키구치 그 노폐물에 명칭이 있나요?

도미타 아밀로이드 베타와 타우 단백질입니다. 이 두 가지가 치매와 관련 있기로 유명한 단백질이에요.

다키구치 둘 다 단백질이군요.

도미타 그렇습니다. 지금도 여러분의 머릿속에 존재하며 태어났을 때부터 계속 생성되고 있어요. 젊을 때는 쌓이지 않지만 나이가 들면서 조금씩 쌓입니다.

가토 뇌 속이라고 하셨는데 혈액 속에 쌓인다는 뜻인가요?

도미타 아니요, 신경세포에 축적됩니다. 아밀로이드 베타는

	신경세포 표면에, 타우 단백질은 신경세포 내부에 존재하는 단백질입니다.
다키구치	단백질이 쌓이면 뇌의 신경이 저해되는군요.
도미타	맞습니다. 아직 자세히 밝혀지지 않은 부분도 많은데, 아밀로이드 베타가 다량 축적되고 타우 단백질이 축적되면서 신경세포를 죽인다는 건 밝혀졌어요. 그러면 뇌가 점점 위축되어 기억을 못하게 되는 것이죠. 현재 알려진 건 이런 절차 정도입니다.
다키구치	젊을 때는 노폐물을 배출하는 기능이 원활한가요?
도미타	네. 그래서 노화와 관련 있으리라 추측됩니다. 젊은 사람의 뇌에는 축적되지 않고 나이가 들면서 축적되니까요. 노폐물 청소의 효율이 나빠지기 때문이 아닐까 싶어요.
다키구치	노폐물 청소의 메커니즘은 아직 규명되지 않았나요?
도미타	그렇습니다. 노폐물 청소는 최근 10~20년 전부터 주목받았고 아직 밝혀지지 않은 부분이 많아요. 다만 최근에는 수면과 운동이 관련 있다는 이야기가 있어요.
다키구치	수면과 운동이 치매와 관련해서도 중요하네요.
가토	뇌에 노폐물이 쌓이고 있는 상태를 어떻게 볼 수 있나요? 혈액이나 세포를 분석하나요?
도미타	현재 가장 확실한 진단 방법은 이미징 기법입니다. 예를 들어 암세포가 어디에 있는지는 PET(양전자방출단층촬영)로

볼 수 있는데요(살아 있는 개체의 체내에 있는 분자 움직임을 관측할 수 있음). 마찬가지로 뇌도 이미지를 통해 볼 수 있어요. 아밀로이드 베타와 타우 단백질이 축적되는 모습이 보이겠지요.

가토 CT 스캔(컴퓨터단층촬영) 같은 건가요?

도미타 비슷합니다. 다만 PET는 대형 병원에서만 가능한데, 혈액 검사로도 관찰할 수 있도록 현재 연구가 진행 중이에요.

가토 혈액으로도 뇌세포를 진단할 수 있으면 좋겠네요.

도미타 최근 5년 사이에 혈액으로 진단할 수 있겠다는 기대감이 상당히 커졌지요.

다키구치 대단하네요. 혈액으로 진단하는 방법이 생기면 치매 발병 전부터 알 수 있겠군요.

치매를 미리 막을 수 있을까?

도미타 현재 많은 연구자의 목표는 '치매에 걸리기 전에 위험도를 진단하는 것'입니다. 구체적으로는 혈액과 오줌, 또는 기타 체액 진단입니다. 정확성이 꽤 높은 수준에 이르렀어요.

다키구치 치매를 방지하는 시대가 도래할 수 있다는 말씀이군요.

도미타	현 시점에서 위험도를 진단할 수 있음을 알게 됐으니, 그다음 단계는 예방 방법이나 치료 방법이겠지요. 여러 연구가 활발히 이루어지고 있습니다.
다키구치	조금 전 이미징 기법 이야기가 나왔는데, 고다 교수님 연구와 비슷한 부분도 있나요?
고다	사실 현재 협업하고 있습니다.
도미타	고다 교수님을 비롯한 연구자분들이 개발한 기계로 뇌 속에서 일어나는 변화를 측정하고 있어요. 매우 세밀하게 세포 속을 들여다볼 수 있습니다.
가토	뇌 이미지를 보기 위한 공동 연구인가요?
고다	유체(움직이는 액체-역주) 흐름을 통해 개별 세포의 형태를 관찰하고 있어요. 특수한 세포가 있으면 이를 분류하여 정밀 조사합니다.
가토	흐름이란 구체적으로 어떤 느낌인가요?
고다	유체로 세포를 흘려보내는 겁니다.
가토	그 세포는 어떻게 추출하나요?
도미타	지금은 질병 상태에 가까운 세포를 만들어서 고다 교수님의 기계에 흘려보내 분석하고 있어요.
고다	미세유체 칩(미세 채널을 이용해 극미량의 유체 샘플로도 실험을 수행할 수 있는 작은 장치. 랩온어칩Lab-On-a-Chip이라고도 부른다.-역주)에 10마이크로미터 크기의 세포를 흘려보내 세포를

	하나씩 촬영합니다.
다키구치	그렇군요. 그런데 아까 말씀하신 치매의 원인 단백질은 운동·수면 외의 방법으로 청소할 수 있을까요? 예를 들어 약으로 제거하는 방법이라든가.
도미타	현재는 면역이 주목받고 있습니다. 신쿠라 교수님의 연구 영역이기도 한데요, 최근 치매 연구에서 뇌 면역계의 중요성이 밝혀져서 이를 계기로 신약 개발이 진행 중입니다.
신쿠라	'머리에 노폐물이 쌓인다', '노폐물을 제거하는 방법은 무엇일까?', '젊을 때는 노폐물이 축적되지 않는다'. 이런 것들은 넓은 의미에서 면역계*와 연관이 있어요. 즉 면역계가 노폐물을 청소해주는 것이죠. 사실 해로운 것을 배제하려는 활동은 뇌뿐만 아니라 전신에서 일어나고 있어요. 예를 들어 동맥경화로 동맥벽에 잉여물이 쌓이면서 뇌졸중이 발생하는데 이것도 노폐물 처리 기능이 약해져서 생기는 질병입니다. 그래서 넓은 의미에서 보면 면역이 혈관계를 포함한 모든 부분의 건강과 항상성을 지키는 데 중요한 역할을 한다고 볼 수 있어요. 뇌 속에서는 면역계 세포가 노폐물 청소부로 일하고 있습니다. 그런데 노화가 진행되면 당연히 면역 기능도 노화됩니다.

---

* 바이러스, 세균, 기생충 등의 병원체와 암세포로부터 몸을 보호하고 손상된 세포를 복구하는 기능의 총칭. 면역계에는 태어날 때부터 가지고 있는 '자연면역'과 한번 들어온 항원을 기억하여 두 번째 침입했을 때 대응하는 '획득면역'이 있다.

	노화 속도에 따라 일찍이 면역이 떨어지는 사람, 노폐물이 쌓이는 사람이 생기겠지요. 노폐물 청소 연구가 앞으로 매우 중요해질 거라고 생각해요.
가토	비전문가 입장에서는 '면역 향상'이라는 게 어떻게 보면 당연하게 들리는데요, 연구자들은 어떻게 인식하고 있나요? 무엇에 초점을 두고 있나요?
신쿠라	지금은 '어떻게 조기 진단할지'에 초점을 맞추고 있는 것 같아요. 그리고 10년 정도 후에는 '노폐물 축적을 막는 방안'으로 초점이 이동하지 않을까 싶습니다.
다키구치	지금까지는 원인 메커니즘을 특정하는 데 주력했다는 말씀인가요?
신쿠라	면역계의 어떤 세포가 무엇을 인식하고 노폐물을 제거하는지 상세히 밝혀야 다음 단계로 넘어갈 수 있을 테니까요.

면역학의
커다란 전환점

가토	노폐물 청소의 중요성에 관한 면역 연구와 기존 연구 간에는 어떤 차이가 있나요?

신쿠라 미지의 영역이었던 면역 기능이 점점 밝혀지고 있지요. 간단히 말하자면 고전적인 면역학은 '병원균*'과 바이러스가 침입했을 때 몸에서 그걸 어떻게 물리치는지'를 연구하는 학문이었어요. 예를 들어 최근에는 신종 코로나 바이러스(코로나19) 대항법과 신종 코로나 바이러스 백신**이 있었죠. 그런데 면역계는 몸에 적이 침입하지 않아도 전신의 항상성을 유지하고 건강을 유지하는 데 도움을 준다는 게 제 사견입니다. 면역은 병원균을 물리칠 뿐만 아니라 몸을 유지 및 관리한다는 거죠. 이게 바로 최근 몇 년 동안 흐름이 크게 바뀐 부분이라고 생각합니다.

다키구치 항상성을 유지하거나 건강을 유지하는 데 면역이 관여한다는 거군요.

신쿠라 암***도 마찬가지예요. 암세포는 매일 우리 몸 어디선가 생성되고 있을 수 있어요. 하지만 이를 면역계가 인식하고 더 이상 증식되지 않도록 하면 암이라는 질병에 걸리지 않겠죠. 그러나 그런 연구는 그다지 진전되지 않았어요.

다키구치 어디까지나 외부 침입자에 어떻게 대처하는지를 계속

---

* 인체에 들어갔을 때 병을 일으킬 가능성이 있는 세균, 바이러스, 진균(곰팡이), 기생충 등을 일컫는다. 대표적으로 대장균, 살모넬라균, 인플루엔자 바이러스, 코로나 바이러스, 고래회충, 조충류 등이 있다.
** 감염증의 원인이 되는 바이러스와 세균의 독성을 약화하거나 없애는 약물이다. 병원체 일부를 몸에 접종하여 그 병원체에 대한 면역을 만든다. 백신을 접종하면 병에 잘 걸리지 않거나, 걸려도 증상을 가볍게 억제한다.
*** 악성 종양. 정상 세포의 유전자가 손상되면서 돌연변이 세포가 생기고 그 세포가 점점 증가하여 정상 세포를 방해하는 병이다. 돌연변이 세포가 혈액 등에 들어가 전신으로 전이되기도 한다.

연구해왔다는 말씀이군요.

가토 어떤 분야든 마찬가지인데요, 연구는 하고 있지만 단순히 주목받지 못했을 수도 있어요. 예를 들어 AI 연구는 예전부터 해왔고 그 본질은 딱히 변하지 않았어요. 그런데 컴퓨터 처리 속도가 무척 빨라지면서 AI가 커다란 화두로 떠오른 것이죠. 마찬가지로 면역 연구 중에서도 이전부터 계속 진행해왔지만 최근 들어 각광을 받은 게 있지 않을까요?

신쿠라 글쎄요. 예를 들어 백신 연구는 신종 코로나 바이러스 감염증으로 주목받았는데요. 스포트라이트를 받는 대상은 계속 바뀌어요. 그렇기 때문에 휩쓸리지 않고 알고 싶은 것을 추구하다 보면 언젠가 흐름이 찾아오겠지요.

고다 맞습니다. 유행을 의식하지 않고 지적 호기심을 바탕으로 넓게 연구하는 것이 중요해요.

뇌와 면역의
의외로운 관계

도미타 뇌는 몸에서 유일하게 면역과 관계없는 장기라고 여겨졌고, 그 때문인지 연구가 진전되지 않았어요. 예를 들어 뇌에 림프관*이 있다는 게 밝혀진 것도 약 5년밖에 안 됐어요. 뇌 속 림프관의 존재를 통해 면역세포가 들어가는 통로가 존재한다는 사실이 명확해졌죠.

가토 이전에는 어째서 밝혀지지 않았을까요?

도미타 아마 실험이 제대로 이루어지지 않아 뇌에 림프관이 존재한다고 생각하지 못했던 것 아닐까요? 정확하게 들여다보고서야 존재를 알았고요. 그리고 그전까지 뇌에는 항체가 들어가지 않으니 뇌에 바이러스가 침입하면 순식간에 퍼진다고 생각했는데요. 뇌에는 림프관이 있어서 면역세포와 항체도 들어갈 수 있다는 사실이 밝혀졌어요. 이것도 규명된 지 10년 정도밖에 안 됐습니다.

가토 어떤 타이밍에 밝혀졌나요?

도미타 치매 원인을 연구했을 때입니다. 치매는 신경세포가 죽는 질병인데, 뇌의 면역세포인 '마이크로글리아'(소교세포 또는 미세아교세포-역주)에 이상이 발생한다는 게 밝혀진 것이죠. 약 10년 전에 규명되었습니다.

가토 면역세포에 이상이 발생한 사실을 여러 증상과 비교하면서 알아낸 건가요?

도미타 면역세포의 유전자에 이상이 생겼거든요. 다만 치매 연구의

---

* 전신 세포에서 불필요한 수분과 단백질 등의 노폐물을 흡수하는 역할을 한다. 이제까지 뇌에는 존재하지 않는다고 생각했으나 2015년 뇌 속 림프관의 존재가 발견되었다.

문제는 '무엇이 정상인지 알기 힘들다'는 점이에요. 그도 그럴 것이 환자들은 이상이 있어야 병원에 와요. 즉 병에 걸린 환자의 샘플은 많지만 '정상적인 사람', '고령이면서 건강한 사람'의 정보는 거의 없어요. 그런데 유전자는 정상적인 사람들도 협력할 수 있기 때문에 데이터베이스를 대량 모을 수 있습니다. 그래서 이전과 달리 이상 현상을 추출할 수 있었습니다.

가토   그런데 그 고령자들이 정말 정상이라는 보증이 없잖아요.

도미타   그렇죠. 10년 후에 치매에 걸릴 위험성은 있습니다.

가토   요컨대 인지 능력이 정상적이고 겉으로는 아무런 문제가 없어도 실제로는 치매가 진행 중인 사람을 정상이라고 판단하면 샘플을 모아도 결과가 어긋날 가능성이 있겠네요.

도미타   맞습니다. 아이슬란드에서 전 국민 유전자를 조사하는 연구를 실시했는데 그 과정에서 알츠하이머병을 예방하는 유전자 변이가 발견되었어요. 어떻게 발견되었는가 하면, 100세가 지나도 건강한 사람과 보통 사람을 비교 연구한 것이죠. 즉 '보통 사람'과 '병에 걸린 사람'만 존재하는 것이 아니라 '보통 사람'과 더불어 '수퍼 정상인'이 존재한다는 건데요, 사실 이런 연구는 실제로는 거의 불가능해요. 아까 말씀드린 것처럼 병에 걸린 사람의 샘플은 병원에 많지만 고령이면서 건강한 사람의 정보는 거의 없거든요. 그런데 아이슬란드처럼 전 국민을 조사할 수 있다면 '100세가 지나도 건강한 슈퍼 정상인'을 연구할 수 있습니다. 그러면 새로운 생물학적 발견이 나타날지도 모르죠. 다시 말해 전 국민 차원에서 조사해야 알 수 있습니다.

가토 일본은 고령화가 진행되면서 장수 국가가 되었는데 앞으로 고령화에 수반되는 문제가 다양하게 나타나겠지요. 정책적으로 어떻게든 그런 연구를 추진할 수 없을까요?

다키구치 건강 수명을 늘려서 사회보장비를 줄인다는 면에서도 정책적으로 매우 중요할 것 같은데요.

도미타 일본은 윤리적 장벽이 높아요. 예를 들어 유전자 검사를 실시하고 있는 민간 기업은 다수 존재하기 때문에 이미 다양한 데이터를 보유하고 있을 겁니다. 하지만 유전자 등의 개인정보 취급에 굉장히 유의하고 있어서 연구에 활용하기가 어려워요.

우리가 잘 모르는
건강검진의 이면

가토 조금 다른 이야기를 해보자면 건강검진을 할 때 채혈을 하잖아요. 개인적으로 아주 싫어하는 검사인데, 채혈을 통해 무엇을 알 수 있나요?

고다 말 그대로 건강을 검진하는 거예요. (웃음) 기본적으로 그 외의 용도로 사용해서는 안 됩니다.

신쿠라 채혈에서는 주로 백혈구와 적혈구 등 혈구 수를 조사합니다. 그리고 생화학 검사로 간과 위장의 질환 등 일반적인 것을 알 수 있지요.

다키구치 우리가 결과지에서 볼 수 있는 것만 조사한다는 거네요. 가령 다른 연구 재료로 활용되기를 바란다면 그렇게 할 수도 있나요?

가토 아밀로이드 베타의 위험성 같은 것도 알 수 있을까요?

도미타 당사자가 연구 내용에 동의해야겠지요. 동의를 받은 연구 외의 분야에는 활용할 수 없을 테고요.

다키구치 타국에서 동의 없이 연구에 활용할 수 있도록 한 사례가 있을까요?

도미타 동의 없이는 안 될 겁니다. 예를 들어 '이 범위의 연구라면 동의하겠습니다' 같은 경우는 많지만요. 다만 일본은 그 기준이 매우 엄격해요.

고다 아이슬란드 정도의 국가 규모(약 37만 명)면 전 국민의 컨센서스(총의)를 확보하기 쉬워요.

다키구치 일본은 인구가 약 1억 2,000만 명이니까요.

가토 콜레스테롤 수치를 측정하는 것과 치매와 관련된

	아밀로이드 베타 수치를 측정하는 건 난이도가 전혀 다른가요?
도미타	지금은 전부 자동화 기계가 있어서 그 기계에 설정만 하면 금세 측정됩니다.
가토	설정하는 데 동의가 필요하다는 거군요. 그런데 콜레스테롤 수치를 측정할 때는 동의서에 서명을 하지 않는데 그건 문제없나요?(일본 기준 발언이며 이어지는 아밀로이드 베타 건강검진에 관한 내용도 대담 당시 일본 상황에 따라 기술되었음-역주)
도미타	건강보험에 가입한 시점에 이미 동의한 셈이죠.
가토	그럼 아밀로이드 베타가 건강보험 대상에 들어가면 검사할 수 있을까요?
도미타	그건 보험 상황과 관련 있어요. 요컨대 우리는 국가 의료비 덕분에 매우 저렴하게 검사를 받는데요. 아밀로이드 베타 검사를 건강검진에 넣기 위해 여러 연구자가 매년 신청하고 있는데 아직까지는 계속 각하되었어요.
다키구치	이유가 무엇인가요?
도미타	그걸 진단한다고 해서 정말 병에 걸렸는지 알 수 없기 때문입니다. 게다가 진단법과 치료법은 세트여야 해요. 치료법도 없는데 진단만 하면 환자의 불안을 쓸데없이 부추기게 되니까요.
가토	그럼 콜레스테롤이 원인인 질병은 치료법이 있나요?

고다 대처법은 그럭저럭 존재하지요.

신쿠라 전 국민의 데이터를 추적·관찰하여 수집하는 조사를 '코호트 연구'라고 하는데, 아이슬란드뿐만 아니라 영국 등에서도 약 100년 전부터 실시되었어요. 이를 통해 사람들의 병력을 전부 추적하고 상관관계에 대한 사례 연구가 가능합니다. 하지만 일본은 눈앞의 일에 급급해서 정책이 바뀌기 때문에 그런 조사를 할 수가 없어요. 물론 일본에서도 열심히 코호트 연구를 하는 연구자들이 있어요. 하지만 시작된 지 십수 년밖에 안 됐습니다. 고령자 치매처럼 앞으로 일본 사회의 핵심이 될 질병을 알기 위해서는 코호트 연구가 중요합니다. '지금 당장 도움이 되지 않아도 미래를 위해 연구를 계속해야 한다'는 걸 정부가 납득하지 못하면 어렵겠지요.

고다 맞는 말씀입니다.

다키구치 연구 데이터로 활용하려면 시간이 많이 걸리기 때문에 지금부터 시작해야 한다는 거군요.

신쿠라 외국 데이터만 활용하면 인종적 차이도 있고, 새로운 무언가가 시작되지 않겠지요. 시류에 좌우되지 않는 지속적인 연구를 정부가 허락해줬으면 좋겠어요.

고다 본질적이고 아주 중요한 말씀입니다.

신쿠라 그래야 현재 진행 중인 여러 연구가 10년 후, 20년 후에

도움이 돼요. 눈앞의 일에만 사로잡히면 안 됩니다.

장내 환경의 열쇠는
IgA 항체다

다키구치   다음은 신쿠라 교수님의 주제 '장내 환경의 열쇠는 IgA 항체다'입니다. 최근 장활(腸活)이라는 단어가 유행하고 있듯이 장내 환경에 관심이 아주 높아졌어요. 그런데 IgA 항체는 일반적인 용어는 아닌 것 같은데요.

신쿠라   아직 친숙하지는 않지요. 우리 몸에는 스스로를 보호하는 조절 기능이 있어요. 이를 '항상성'(호메오스타시스)이라고 하는데, 저는 이 항상성이 깨져서 어딘가에 그 여파가 왔을 때 병에 걸린다고 생각해요. 그리고 치매, 암, 심혈관 질환 등 다양한 질병과 장내 세균의 이상 사이에 연관이 있다고 봅니다.

우리 뱃속에는 A세균, B세균, C세균 등, 이러한 식으로 다양한 장내 세균이 살고 있어요. 입으로 섭취한 음식물은 장으로 가면 A세균, B세균 C세균 등으로 인해 각각 변화를 겪은 다음 소화·흡수됩니다. 장내 세균이 우리 몸속에서 중요한 작용을 하는 것이지요.

뱃속은 산소가 거의 없는 저산소 환경입니다. 장내 세균은 변으로 바뀌어 배출되는 순간 산소와 접촉하면서 죽습니다. 그래서 이제까지 장내 세균 연구가 좀처럼 진전되지 않았는데요. 하지만 차세대 시퀀싱(NGS)*이 나온 덕분에 장내 세포의 유전자를 읽을 수 있게 되어 '현재 장에 어떤 세균이나 대사 효소가 있는지' 알게 되었죠.

또한 유전자뿐만 아니라 장내 대사물질을 망라하여 해석하는 대사체(metabolome) 분석 기술도 발전하여 '한 장내 세균에서 유래한 대사물질을 몸에 넣으면 류머티즘에 걸리기 쉽다'와 같이 다양한 사실이 밝혀졌습니다. 그래서 류머티즘을 치료하려면 장내 환경을 바꿔야 한다는 결론이 나온 것이고요.

다키구치 아주 기본적인 질문을 하고 싶은데요. 장내 세균은 우리가 종종 접하는 '유익균', '유해균'을 의미하는 것 같은데, 좋은 대사물질을 만드는 것이 유익균이고 나쁜 대사물질을 만드는 것이 유해균이라고 이해하면 될까요?

신쿠라 네. 다만 아직 과학적으로 정해진 건 없어요. 이 병에 걸린 사람은 이 세균이 증가한다든가, 저 병에 걸린 사람은 저 세균이 만드는 대사물질이 증가한다는 걸 조금씩

---

* 수천에서 수백만 DNA 분자를 동시에 빠르게 분석할 수 있는 강력한 기술이다. 개인 의료, 유전성 질환, 임상 진단 등의 분야에서 혁신을 불러일으키고 있다.

알아가는 단계입니다. 좋은 대사물질을 섭취하는 것, 나쁜 대사물질만 장에서 꺼내는 것 등도 다양하게 시험해보고 있지요. 그리고 들어본 적 있겠지만 '대변 이식'이라는 방법도 있어요. 건강한 사람의 변을 받아오는 것이죠.

다키구치 변을 옮긴다는 말씀인가요?

신쿠라 네. 변 속에 좋은 장내 세균이 있어서 그걸 그대로 이식하는 방법입니다. 장은 한정된 공간이고 영양도 한정되어 있는데 각각의 균이 진지를 구축하고 있어요. 뱃속에 좋은 균이 많이 살고 있는 사람은 외부에서 나쁜 병원균이 들어와도 좋은 균이 물리쳐주기 때문에 병에 잘 걸리지 않습니다. 반대로 나쁜 균이 많은 사람에게 아무리 좋은 균을 넣어봤자 좋은 균이 배제됩니다. 그래서 저는 IgA 항체로 나쁜 균을 감소시키고 진지를 구축한 이후에 좋은 균을 보충하는 접근 방식을 지향하고 있어요.

다키구치 IgA 항체는 나쁜 균을 물리치는 항체군요.

신쿠라 맞습니다. 우리 뱃속에는 100여 가지의 장내 세균이 있어요. 림프구에서 분화되어 생성된 IgA도 몇백 가지나 돼요. 예를 들어 유명한 면역 치료제 옵디보* 3~5g을 제조하려면 공장에서 300~500L 탱크에 넣어 배양해야 해요. 그러나

---

* 암 면역 치료제로 항암제처럼 암세포를 직접 공격해 증식을 억제하는 게 아니라 면역세포가 암세포를 공격하기 쉽도록 한다. 효능이 나타난 사람의 비율은 25% 내외로 알려져 있다.

우리 뱃속에서는 성인 기준 1일에 3~5g의 IgA 항체가 매일 분비되어 장내 세균과 싸워줍니다. 우리의 장은 그만큼 엄청난 양의 항체를 만드는 공장이에요. 그리고 IgA 항체는 나쁜 균을 물리치면서도 유산균, 비피도박테리아 등 좋은 균에게 장에 계속 머무르라고 지시를 내립니다. 저는 장 상태를 악화하는 나쁜 균만 선택적으로 제어하는 IgA로 약을 만들려고 하고 있어요.

가토 장을 연구하는 교수님들은 IgA 항체에 대해 알고 있나요?

고다 이름은 알고 있어요. 다만 종류가 방대해서 개개의 기능은 잘 모릅니다.

신쿠라 그럴 수밖에 없어요. IgA 항체가 좋다는 건 밝혀졌지만, 예를 들어 나쁜 균의 대표격인 대장균과 상호작용을 시켰을 때 IgA 항체가 대장균에 어떤 작용을 하는지는 밝혀지지 않았어요. 세포 표면에 붙는다는 건 밝혀졌지만 들러붙은 후에 무슨 작용을 하는지 모르는 겁니다. 다만 세상에는 IgA 항체가 없는 사람도 있는데 그 사람들의 장내 세균은 그다지 좋은 상태가 아니에요. 현 시점 연구에서는 IgA 항체가 매우 중요한 작용을 한다는 것 정도만 알고 있어요.

대변을 이식하면 성격이 바뀐다?

고다   신쿠라 교수님께 질문드리고 싶은데요, 변을 이식하면 성격이 달라진다는 보고가 있다는데 사실인가요?

신쿠라   글쎄요. 과연 그럴까 싶어요. 하지만 다른 균이 들어가면 그 균이 만든 대사산물이 신경계에도 영향을 미칠 가능성은 충분히 고려할 수 있죠. 장내 세균을 바꾸면 여러 질병을 치료하는 데 효과가 있을 거라고 생각하기 때문에, 저는 건강 수명을 위해 장내 세균을 IgA 항체로 개선하여 질병 발생을 되도록 줄이고 싶어요. 그게 제 꿈입니다.

도미타   파킨슨병*이라는 신경질환이 있는데요. 이 병은 뇌에 이상이 생기는 데서 기인한다고 알려졌는데, 요즘 들어 '파킨슨병은 장에서 시작된다'는 가설이 서서히 힘을 얻고 있어요. 장의 움직임을 지시하는 미주신경이라는 신경세포가 뇌에서 장까지 이어져 있는데 장내 세균이 미주신경에 악영향을 끼쳐 장의 신경이 망가지면서 뇌에 이상이 생긴다는 것이죠. 실제로 파킨슨병 환자 중에는 변비에 걸린 사람이 많아요.

---

*   뇌 흑질의 도파민계 신경 파괴로 도파민이 감소하여 생기는 질병이다. 근육이 딱딱해지거나 움직임이 더뎌지며 떨림이 발생하고 쉽게 잘 넘어지는 등의 증상이 나타난다. 현재 일본에는 15만 명 이상의 환자가 있다고 한다.

다키구치 그렇군요.

도미타 아무래도 나쁜 장의 상태가 영향을 미쳤을 수 있지요. 미주신경을 절제하는 특수한 수술이 있는데 그 수술을 하면 파킨슨병 위험도가 매우 감소합니다. 이 연구를 계기로 뇌 질환인 줄 알았던 파킨슨병이 사실 장, 정확히는 장의 신경과 연관된 질환임이 밝혀졌지요.

다키구치 미주신경을 절제해도 괜찮나요?

도미타 특수한 치료법이라서 기본적으로는 절제하지 않는 게 좋아요. 미주신경을 절제하면 파킨슨병에 걸릴 확률이 매우 낮다는 의미입니다. 어쨌든 장내 세균 이상이 미주신경에 개입해 뇌에 영향을 주고 있다고 보니까요.

다키구치 우울증도 장과 관련 있다고 하던데 그러면 장이 성격에도 영향을 줄 가능성이 있을까요?

가토 단순한 소화기관이 아니군요.

고다 정리하자면 에코시스템(상호의존)이에요. 사람은 세포만으로 살아가지 않습니다. 실제로 세포 수보다 장내 세균 수가 더 많죠.

신쿠라 에코시스템, 초개체(다수의 개체가 한 개체처럼 행동하는 것)를 초유기체(superorganism)라고 합니다. 이제까지 의학 연구는 인체를 중심으로 이루어졌는데 장내 세균 등 미생물과 상호작용하여 신체 기능이 어떻게 변화하는지도 함께 생각해봐야 해요.

가토   참고로 이번 주제에 대해 이야기할 때 위를 언급하지 않은 이유는 무엇인가요?

신쿠라   위에는 위산이 있어서 세균 수가 대장에 비해 1만 분의 1에서 10만 분의 1 정도에 불과합니다. 위산이 장벽 역할을 맡아 입을 통해 들어온 나쁜 것들을 물리치고 있어요.

항체가 없는
사람도 있다

다키구치   그렇군요. 그런데 IgA 항체를 보유하지 않은 사람도 존재하는 모양이네요.

신쿠라   유전자 조사에 따르면 IgA 유전자와 IgA를 분비하는 단백질의 유전자가 변이된 사람이 상당수 존재합니다. 서구에서는 500명에 1명 정도라고 해요. 일본에서도 1,400~1,500명에 1명 정도고요. 선천성 면역 이상 중에서는 가장 많습니다.
그런데 이제껏 이 부분은 그다지 주목받지 않았는데요. 그도 그럴 것이 다른 면역 부전증(에이즈 등)과 다르게 사망에 이르지 않기 때문이에요. 그러나 최근 장내 세균이 주목받으면서 조사 결과 면역계 질환에 걸리는 비율이 아주 높다는 사실이 드러났습니다.

다키구치 미래에는 치료제 등의 형태로 보완할 수 있을까요?

신쿠라 목표로 하고 있지만 개발하기 무척 어렵습니다. 세계적으로 IgA 항체 치료제를 임상에서 사용하고 있는 사례는 없는 것 같아요.

다키구치 왜 어렵죠?

신쿠라 이미 IgG(면역글로불린G) 항체 치료제는 몇 가지 존재합니다. 아까 말한 옵디보와 휴미라예요. 휴미라는 TNF-α(종양괴사인자-α) 억제 항체로 류머티즘 관절염 치료에도 쓰입니다. 그러나 그건 전부 IgG 형태로 혈중에 투여돼요. 다시 말해서 '체내'에서 작용하는 항체입니다. 반면 제가 만들고 싶은 건 입으로 마셔서 장내강(장관 속, 즉 체외에 있는 빈 공간)에 있는 장관세포와 상호작용하는, 체내로 들어가지 않는 약입니다.

다키구치 체외에 있는 빈 공간이란 무엇인가요?

신쿠라 장 내부 공간은 전부 '체외'입니다. 여기에 세균이 다량 존재하며 그곳을 향해 IgA 항체가 매일 다량 분비됩니다. 체외로 내보내는 게 목적이라 기존의 IgG 항체 치료제와는 조금 달라요.

다키구치 IgA 항체 치료제가 개발되면 다른 약이 필요 없어질

	가능성이 높다는 말씀인가요?
신쿠라	약 용량을 줄일 수 있지 않을까 싶어요. 제 목표는 약이 필요 없는 건강 수명입니다. IgA 항체도 약이긴 하지만 일단 환경이 개선되기만 하면 IgA 항체를 계속 복용할 필요는 없을 것 같습니다. 장 내부가 좋은 환경이 되면 외부에서 나쁜 균이 들어와도 좋은 균이 배제해줍니다. 그러면 여러 질병에 잘 걸리지 않겠지요. 항생물질을 복용해서 좋은 세균도 전부 죽인다면 이야기는 달라지지만요.
가토	현 시점에서는 어느 정도 지식과 실적이 쌓였나요?
신쿠라	쥐 실험에서는 효과가 나타났어요. 쥐에게 투여할 IgA 항체는 만들 수 있습니다. 그러나 인간의 체중은 쥐보다 약 2,500배 무겁기 때문에 그 양만큼 만드는 게 어려워요.
가토	만드는 것도 어려운데, 효능을 확인하는 실험도 해야겠군요.
신쿠라	그렇습니다. 약을 만들어야 효능을 알 수 있으니까요.
가토	그런데 부작용은 없나요?
신쿠라	쥐를 관찰했을 땐 부작용이 없었어요. 아까 말씀드렸듯이 체내에 흡수되지 않으니까요. 입을 통해 들어가서 대부분 변으로 배출됩니다. 그 과정에서 장내 세균을 상쇄하고요.
가토	사람이 마실 거라면 녹즙 같은 데 넣으면 되지 않을까요?
신쿠라	녹즙만큼 손쉽게 섭취하도록 만드는 것이 목표이긴

합니다. 하지만 IgA 항체가 인간에게 안전하고 유효한지 확인하려면 제대로 된 공장에서 적합한 품질로 만들어야 해요. 그렇게 하려면 수십억 엔(약 수백억 원)이 들죠.

다키구치 만들기 어렵다는 건 그렇게 큰돈이 들어가는 시설을 갖추기 힘들다는 뜻인가요?

신쿠라 아직 (국가 승인을 목적으로 한) 임상시험 단계에서 사용한 적은 없는데요, '사람에게 사용해도 된다'고 국가에 승인받으려면 일정 품질의 약을 일정량 만들어야 해요. 그걸 추산해보면 수십억 엔(약 수백억 원)이 나옵니다.

고다 자본과 정책이 관건이에요. 결국 닭이 먼저냐 계란이 먼저냐의 문제죠.

가토 효과는 어떻게 확인하나요?

신쿠라 약 10명의 실험자에게 투여하는 것부터 시작하는데요. 그러려면 국가의 허가가 필요합니다.

코로나19 백신이 신속하게
만들어진 이유

가토 신종 코로나 바이러스 백신도 이와 유사한 공정으로 만들어졌을까요?

도미타 신종 코로나 바이러스 백신은 공정이 조금 다르지만 방침은 동일해요. 신쿠라 교수님께서 말하신 IgA 항체는 '신규 모달리티'(새로운 약물전달체)라고 부릅니다. 새로운 형태의 약을 만들 때는 심각한 부작용이 있거나 경우에 따라 사망할 수도 있기 때문에 매우 신중하게 진행해요. 과학적으로는 유효하다는 걸 알고 있지만 '규제처', 즉 국가 정부나 약을 승인하는 주체 입장에서는 안전을 확실히 담보해야 합니다. 그 격차가 항상 존재하지요. 그런데 핵산 치료제인 신종 코로나 바이러스 백신은 매우 많은 사람에게 단번에 접종했기 때문에 그 부분을 건너뛸 수 있었어요.

가토 팬데믹 때는 안전성을 확실히 판정하지 못했지만 접종하지 않는 것보단 좋기 때문에 우선 접종했다는 거군요. 그 결과 효능이 나타나서 사회적 중요성을 확보했고요.

도미타 백신 자체는 이전부터 연구되어서 안전성은 확인되었는데 신종 코로나 바이러스에 유효한지 그 당시에는 아직 몰랐던 것이죠.

가토 접종해도 나쁜 증상을 보이지 않는다는 걸 알았군요.

도미타 예를 들어 오렌지 주스, 포도 주스, 사과 주스는 각기 다른 음료잖아요. 그런데 카테고리는 전부 청량 음료수예요. 그 청량 음료수에 해당하는 게 핵산 치료제입니다. 암 백신을 오렌지 주스, 알츠하이머 백신을 포도 주스, 신종 코로나 바이러스 백신을 사과 주스라고 가정하면 오렌지 주스와 포도 주스는 안전하지만 사과 주스는 안전한지 모르기 때문에 사과 주스도 안전성을 확실하게 확인해야 하는 것이죠.

고다 팬데믹 때 독일 바이오엔테크(화이자)*와 미국 모더나** 등 해외에서 먼저 테스트를 하고 나서 일본에 백신이 들어왔는데요. 우리가 먼저 만들 수도 있었을까요?

도미타 일본은 그런 빠른 속도로 승인이나 임상시험을 하지 못했을 것 같아요. 그런 제도도 없고요. 하지만 미국은 다른 약이 없는 상황에서 효과가 있을 만한 약이 나타나면 우선 시험해보자는 도전 정신이 있어요. 그런 제도도 있고요.

모유가 중요한
이유

가토 잠시 다른 이야기를 해보고 싶은데, 서구에서는 IgA 항체

---

* 바이오엔테크는 독일에 본사를 둔 바이오 기업으로 면역계 자극을 목적으로 한 능동 면역요법을 개발하고 있다. 미국에 본사를 둔 제약회사 화이자와 함께 신종 코로나 바이러스 백신을 개발했다.

** 미국에 본사를 둔 바이오 기업으로 전령 RNA에 기초한 의약품을 개발한다. 바이오엔테크(화이자)와 비슷한 시기에 신종 코로나 바이러스 백신을 개발했다.

연구가 꽤 진전되었나요?

신쿠라 사실 IgA 항체 복용의 긍정적 측면에 대한 연구는 1970년대 무렵부터 실시되었어요. 하지만 그 당시에는 '염소 우유에 있는 IgA든 모유의 IgA든 뭐든 좋다'는 식이었죠.
최근 몇 년 사이에는 미국보다 유럽에서 IgA 항체가 주목받고 있어요. 유럽의 한 회사는 이미 동물용 IgA 항체를 만들었어요. 유럽 사람과 이야기해보면 장내 세균은 사람의 질병뿐만 아니라 사람에게 중요한 가축의 질병을 억제하는 면에서도 중요하다고 생각하는 게 느껴져요.

다키구치 IgA 항체는 모체에서 아이에게 전달되나요?

신쿠라 장내 세균은 아기가 산도를 통과할 때 모체에서 전달되는데 IgA 항체는 모유 속에 있는 것만 아기의 장관(腸管) 속에 들어가요. 아기는 IgA를 만들지 못하다가 시간이 흐르고 장에 다양한 것이 들어오면 그 자극으로 인해 스스로 만들어냅니다. 그렇게 되기까지 시간이 꽤 걸리죠. 그래서 그전에 모유를 먹이는 게 중요합니다.

유산균은 정말
효과가 있을까?

다키구치   최근 장내 환경 개선이 큰 관심사로 떠오르면서 저도 유산균 음료를 자주 마시는데요, 과연 효과가 있을까요?

신쿠라   있는 것 같아요. 다만 살아 있는 유산균은 장까지 도달은 하지만 잘 정착하지 못해요. 그래도 사균이 원래 뱃속에 있던 유산균*이나 비피도박테리아**의 먹이가 되기 때문에 긍정적인 효과는 있다고 생각합니다.

다만 주의해야 할 게 있는데, 요구르트에는 생균과 함께 증점제, 유화제 등의 식품첨가물도 들어 있습니다. 그런데 이 식품첨가물이 장내 세균 작용을 통해 장에 염증을 일으키거나 대사증후군을 일으킨다는 논문도 있어요. 실제로 슈퍼마켓에서 요구르트 성분표를 보면 대부분 상품에 증점제나 유화제가 들어갑니다. 따라서 생균도 있지만 몸에 좋지 않은 것도 함께 들어 있음을 인식하면서 균형을 고려해 섭취했으면 합니다. 다양한 음식을 균형 있게 섭취하여 장에 좋은 균을 기른다는 의식을 가지는 게

---

*   발효를 통해 당에서 유산을 만들어내는 미생물의 총칭. 요구르트, 치즈, 절임류, 술 등의 제조에 사용되며 장내에서는 대장균 같은 유해균의 번식을 억제하는 역할을 한다.

**   유산균의 일종으로 대표적인 유익균이다. 정장 작용, 병원균 증식 억제 효과가 있다. 발효하면 유산균뿐 아니라 건강 유지와 관련된 초산도 생성한다. 대장에는 비피도박테리아가 락토바실루스보다 100배 많으며 장내 세균의 약 10%를 차지한다.

좋아요. 특히 식이섬유가 좋으니까 많이 섭취해주세요.

다키구치 '장내 플로라'(장내세균총)라는 단어도 종종 들어봤는데 이건 여러 균을 섭취해 좋은 장내 환경을 만드는 것인가요?

신쿠라 그렇습니다. 장에 있는 다양한 세균이 화려하게 만발한 꽃밭(플로라)처럼 보여서 그 세균의 집합체를 장내 플로라라고 불러요. 좋은 유산균을 늘리려면 식품 첨가물이 잔뜩 들어 있는 식품을 되도록 먹지 않고 식이섬유를 충분히 섭취해야 해요.

가토 유산균이 몸에 좋다는 건 명백한 사실인가요?

신쿠라 몸에 좋다고 생각합니다. 다만 그것만 마시면 균형이 나빠져요. 생균은 대부분 뱃속에 정착하지 않기 때문에 모체로부터 물려받은 좋은 균을 잘 기르려면 양질의 식사를 해야겠지요.

가토 선천적으로 가지고 있는 균 이외의 것들은 그다지 늘어나지 않나요?

신쿠라 연령에 따라 장내세균총의 구성이 조금씩 변화해요. 좋은 균은 느리게 증가하는 경향이 있지만 반대로 나쁜 균은 쑥쑥 증가합니다. 하지만 좋은 균이 많으면 나쁜 균을 억제해주겠죠. 그래서 균형이 중요합니다.

다키구치 장내 환경을 생각하면 항생물질*을 복용하지 않는 게 좋다고 들었는데 실제로는 어떤가요?

신쿠라 복용하지 않는 편이 좋아요. 항생물질을 복용한 후에 '균 교대 현상'이 일어나 심한 장염에 걸리는 경우가 있어요. 하지만 항생물질이 없으면 감염증으로 사망할 수도 있으니 이것도 균형의 문제라고 봐야겠지요. 항생물질과 함께 항생물질 내성 유산균 제제(정장제)를 처방받으면 됩니다. 최근에는 그렇게 처방해주는 의사도 많아졌어요.

뇌경색을 예측하는 기술

다키구치 이어서 고다 교수님께 뇌경색에 대한 이야기를 들어보겠습니다.

고다 뇌경색**은 몸져눕게 만드는 질병 중 상위 요인이에요. 그런데 뇌경색은 하루아침에 일어나지 않습니다. 그 전조로 TIA라고 부르는 '일과성 허혈 발작'이 있어요. 말 그대로

---

* 세균으로 인한 감염증을 치료하는 약물. 세균 증식을 억제하거나 세균을 죽이는 효과가 있지만 항생물질이 듣지 않는 약물 내성을 지닌 세균이 증가하는 문제도 있다. 또한 항생물질은 바이러스성 감염증에는 효과가 없다.

** 뇌졸중의 일종으로 뇌의 혈관이 막혀 혈류가 차단되면서 산소와 영양 부족으로 뇌세포가 죽는 것이다. 좌우 한쪽의 반신 마비, 언어상실증, 발음 이상 등의 증상이 나타난다.

일과성(一過性)이기 때문에, 예를 들어 뇌 혈관에 혈전이 생겨 몇 분에서 1시간 정도 오른손이 움직이지 않다가 시간이 흐르면 싹 사라집니다. 그래서 그 단계에 병원에 가서 진단받고 CT와 MRI(자기공명영상)를 촬영해도 잘 발견하지 못합니다. 그러다 TIA가 몇 번 발생하고 어느 순간 뇌경색이 크게 오는 것이죠. 그러므로 TIA를 정확히 진단하여 대책을 마련하면 뇌경색을 미연에 방지할 수 있어요. 혈액에는 미소한 혈소판 응집 덩어리가 흐르는데요. 제 연구실에서는 그걸 검출해서 TIA 위험도를 정량화하여 진단과 연결하려고 합니다.

가토 뇌 질환에는 혈관이나 신경 관련 질환이 있는데 알츠하이머와 뇌경색은 그중에서도 '우두머리' 같은 느낌이 드네요.

고다 뇌 질환 중 다수는 노화와 관련 있다고 하지요. 노화로 콜레스테롤이 쌓이면 혈관이 점점 좁아집니다. 예를 들어 4차선 고속도로가 2차선이 되면 정체가 발생하는데요. 그런 일이 혈류에서도 나타납니다.

가토 그 이야기를 들으니 생각났는데요, 저는 두통이 심한 편이에요. 뇌경색이 걱정되어 병원에 가서 CT를 찍어봤더니 혈관이 좁아져 있다고 하더라고요. 그 후에 고다 교수님 연구실에서 상태를 봐주셨는데, 뇌에 산소가 잘 가지 않아

	심장이 뇌에 피를 자꾸 보내려고 하는 바람에 혈압이 높아져 있다고 하셨어요. 결국 균형의 문제일까요?
고다	병은 갑자기 생기는 게 아니라 화이트 존에서 그레이 존(병은 없지만 건강하지도 않은 상태-역주)으로 간 다음 블랙 존으로 진입해요. 그 역치(경곗값)를 넘으면 병을 진단받는 것이죠. 그래서 되도록 역치를 넘기기 전에 병에 걸릴 위험도를 낮추는 게 중요합니다.
다키구치	종합검진에서 뇌경색을 예측할 수 있나요?
고다	어렵습니다. 다만 장래에는 예측할 수 있게 하고 싶어요. 현재는 에비던스(근거·증거)를 모으고 있는 단계예요.
도미타	참고로 혈액 검사와 관련하여 알츠하이머는 에비던스가 상당히 모였어요. 치매 중에 혈관성 치매라는 게 있습니다. 뇌경색은 큰 혈관이 막히는 병인데요, 미세한 혈관에 경색이 일어나 막히는 경우에도 뇌에 영양이 도달되지 않아 막힌 혈관 주변의 신경세포가 죽습니다. 그게 인지 기능에 영향을 주어 발생하는 것이 혈관성 치매입니다. 사실 혈관성 치매와 알츠하이머병을 동시에 앓고 있는 환자가 꽤 많습니다. 알츠하이머병은 뇌의 노폐물이 원인이라고 하는데, 가뜩이나 노폐물이 쌓여 손상을 입은 뇌에 혈관이 더 막혀서 영양이 도달되지 않으면 더 큰 손상을 입겠죠. 뇌 혈관 건강은 매우 중요한 과제인 것

같아요.

가토 뇌경색은 40대부터 발병 가능성이 나타나고 치매는 50~60대가 되면 위험해진다는 게 사실인가요?

도미타 60대에 치매가 발병하는 사람은 많지 않아요. 치매는 65세를 경계로 조기 발병형과 만기 발병형으로 나뉘는데 65세 전에 발병하는 사람은 꽤 드뭅니다. 대부분은 70대 이후예요. 65세보다 젊은 경우는 조기 발병 알츠하이머로 분류됩니다.

다키구치 아까 말씀하신 바에 따르면 치매는 신경뿐만 아니라 혈관에서 기인하는 경우도 있는 모양이네요.

도미타 그렇습니다. 그래서 뇌도 에코시스템이에요. 장에서 흡수한 영양분이 혈관을 통해 뇌로 가는데, 어딘가 한곳이라도 이상이 생기면 다른 곳과 관련된 병에 걸릴 수 있습니다.

자동차 운전만으로 치매를 알 수 있다?

다키구치 다음은 도미타 교수님의 주제 '자동차 운전만으로도 치매 분석이 가능해진다'입니다.

도미타 현재 일상생활에서 사용하는 많은 전자기기는 로그(기록)를 확인할 수 있어요. 고다 교수님께서 '치매에 걸리기 전의 상태를 어떻게 파악할지'에 대해 말씀하셨는데 치매에 걸리기 전의 상태를 파악할 때 전자기기 로그를 조사해보면 인지 기능이 알아채지 못할 정도로 저하된 것도 알 수 있다는 이야기가 있습니다. 실제로 자동차 운전 시 팔, 다리 등 전신의 움직임을 데이터화하여 치매 징후를 발견하려는 연구가 있습니다. 그 밖에 TV 리모컨 등 집 안의 다양한 기계를 이용해 징후를 조사하려는 연구도 진행되고 있어요.

다키구치 그야말로 '만지면 데이터가 수집되는' IoT 기술이네요. 그러고 보니 자동차는 가토 교수님의 전문 분야이기도 한데요.

가토 최신 자동차는 다양한 데이터를 수집할 수 있게끔 설계되어 있어요. 자율주행이라면 '운전이 얼마나 능숙한지' 수치화할 수 있습니다. 자동차 운전 학원 선생님의 운전 능력 확인을 자동화한 느낌이죠. 데이터를 다량 모으다 보면 '운전 실력이 낮은 사람과 비교해도 명백히 이상하다' 싶은 데이터가 발견되기도 합니다. 이것이 어쩌면 치매나 인지 기능 저하를 파악하는 데이터가 될 수 있겠지요. 그리고 그런 데이터가 나왔을 때 병원에 가서 한번 진단을 받아보라는 조언을 할 수 있게끔 만들고 싶어요. 다만 조언을 받은 사람 입장에서는 일부러 진단을 받으러 갈

인센티브(동기)가 없죠. 진단받으러 간다고 해서 딱히 이점이 있는 게 아니니 귀찮다는 생각만 드니까요. 하지만 일상생활 속 운전이나 게임 등 라이프 로그를 통해 진찰받는 게 좋겠다는 답을 얻는다면 삶이 편리해지지 않을까 싶습니다.

도미타 맞습니다. 치매 연구에서도 진단 인센티브를 설정하기가 어려운 부분이 있어요. 그래서 지금은 치매 징후가 전혀 없는 젊을 때부터 라이프 로그를 제공하여 연구에 협력한 경우 전문의에게 조기에 조언을 받을 수 있다거나 신약 임상시험에 우선 참가할 수 있는 인센티브를 줍니다.

가토 치매는 구체적으로 어떤 과정을 통해 진단하나요?

도미타 종이로 작성하는 인지기능검사와 임상심리사와 함께 실시하는 기준점수검사가 있는데 이런 검사들로 치매를 진단할 수 있어요. MRI로 뇌 사진을 촬영하여 뇌가 실제로 위축되었는지 확인하는 방법도 있고, 뇌 혈류가 얼마나 저하되었는지 조사하는 뇌 스펙트(SPECT) 검사도 있습니다. 현재 뇌 노폐물을 직접 보는 기술이 나오고 있기 때문에 이를 조합하여 종합적으로 진단할 수 있어요.

가토 그렇군요. 진단받을 사람을 얼마나 늘리는지가 중요하겠네요.

도미타 맞습니다. 유감스럽게도 치매를 고칠 완전한 약은 없지만 뇌 질환을 정확히 진단하는 게 중요합니다.

다키구치 완전한 치료는 불가능하다고 해도 진행을 늦출 수는 있을까요?

도미타 지금은 죽은 신경세포의 역할을 보완하는 약을 처방합니다. 그 약을 먹으면 나머지 신경세포의 기능을 강화하여 일시적으로 증상을 개선할 수는 있어요. 다만 증상이 서서히 진행되기 때문에 치료제를 개발해야 합니다.

다키구치 조기 발견이 최선인가요?

도미타 그렇죠. 되도록 발병 전에 뇌 노폐물을 제거하는 방법이 연구되고 있으니 장래에는 그런 약이 생길 가능성은 있습니다. 또한 수면과 운동을 통해 뇌 노폐물을 제거할 수 있다고 하니 일찍이 생활에서 실천해야겠죠. 저는 현 시점에서 과학적 근거가 있는 것을 도입해서 10년 후, 20년 후에 어떻게 될지 검증하고 싶습니다. 그러면 향후 젊은 세대에 적용할 수 있는 새로운 치료법을 발견할 수 있지 않을까 생각합니다.

기억은 아직
규명되지 않았다

가토   우리가 알기 쉬운 치매 증상은 '상황을 인식하는 기능의 저하'인가요? 아니면 '예전에 배운 내용을 잊어버리는 것'인가요?

도미타   최근 일을 기억하지 못하는 게 전형적인 치매 증상이라고 생각합니다. 흔히 '아침 밥을 먹은 사실을 기억하지 못하는 것'이나 '눈앞에 있는 걸 가게 물건이라고 인지하지 못하고 가져오는 것' 등이 있다고 하죠.

가토   가령 청신호와 적신호를 구별하지 못해 일어나는 자동차 사고는 최근 일을 잊어버렸기 때문에 발생하는 사태가 아닐 텐데요. 그런 사고가 일어나는 건 치매와 어떤 인과관계가 있나요?

도미타   운전은 매우 오래전에 획득한 기억이라고 할 수 있는데요, 그보다는 예를 들어 보행자를 보고 '저 사람이 이쪽을 향해 올 수 있다'고 판단해 차를 멈추는 게 가능한지와 관련 있겠지요. 치매는 매 순간의 인지 능력, 기억에 저장하지 못하는 것과 연관되지 않을까 싶습니다.

가토   교통 법규를 잊어버린 게 아니라 예측이라는 행위가 현저히 불가능해진다는 말씀인가요? 횡단보도에 사람이 서 있을 때 일반적으로는 갑자기 튀어나올 수도 있다고 판단하는데 치매에 걸리면 애초에 그곳에 사람이 있다는 걸 모른다는 건가요?

도미타 교통 법규나 운전법 같은 기억은 남아 있다고 생각해요. 제 조모께서도 치매였는데 증상이 점점 진행되면서 약 40년 동안 알았던 저를 잊어버리셨어요. 하지만 60~70년 전에 초등학교에서 배운 노래는 기억하셨고 실제로 부르실 수도 있었죠. 아마도 치매에 걸리면 과거 기억은 뇌 어딘가에 남아 있지만 최근 기억이 점점 사라지는 게 아닐까 합니다.

다키구치 옛 기억이 어딘가에 있다는 말씀이 굉장히 흥미롭네요. 단순히 꺼내지 못하는 건가요?

도미타 최근 기억은 사라지는데 오랜 기억은 꺼낼 수 있다는 게 신기하죠. 오랫동안 기억 관련 연구는 대체로 '방금 본 것을 기억하는 연구'였어요. 인간뿐 아니라 동물을 이용한 실험에서도 마찬가지였지요. 예를 들어 인간의 10년 전, 20년 전은 쥐의 1년 전, 1년 반 전에 해당하는데요, '쥐가 1년 전에 획득한 기억을 가지고 있는지'는 거의 연구되지 않았어요. 그래서 옛 기억이 어디에 자리하고 어떻게 처리되는지 알려진 바가 거의 없습니다.

다키구치 그러면 장차 연구될 분야라는 거군요. 그리고 뇌와 관련한 현상으로 데자뷔(기시감)도 있는데요. 이건 무엇인가요?

도미타   여러 기억의 단편을 머릿속에서 탐색하고 있는 상태가 아닐까요? 보통 사람이라면 꺼내지 못하는 기억을 잘 끄집어내는데, 그게 불완전할 수도 있죠.

다키구치   한번 경험한 요소들이 조합되어 현재 눈앞에서 벌어지고 있는 듯이 느끼는 걸까요?

도미타   뇌는 망상도 하니까 경험해보지 않은 상상도 기억에 남고, 그게 조합되어 데자뷔로 나타날지도 모르죠. 데자뷔를 자주 겪는 사람들은 기억력이 좋은 게 아닐까 싶어요. 저는 기억력이 좋지 않거든요. 옛 친구들을 모조리 잊어버렸을 정도예요. (웃음)
그리고 비슷한 이야기로 우리는 잠자는 동안 꿈을 꾸는데요. 꿈도 뇌 어딘가를 사용해서 만들어냅니다. 이제까지 한 경험이나 눈에 담은 영상에서 기인하는 영감이 축적되어 꿈으로 완성되는 것 같아요.

고다   도미타 교수님께 질문하고 싶은데, 우리는 직업상 사람들과 만날 기회가 많잖아요. 그런데 저는 처음 만나는 사람의 이름을 잘 외우지 못해요. 이건 무엇과 관련 있을까요?

도미타   교수님, 그건 노화 때문이라서 어느 정도는 어쩔 수 없지 않을까요? (웃음)

가토   기억이 무엇인지 아직 제대로 규명되지 않았나요?

도미타   그렇습니다. 연구에서 주로 쥐를 사용해 실험하는데

쥐와는 대화할 수 없잖아요. 그래서 그들이 무엇을 말하고 생각하는지 정확히 알 수 없어요. 우리는 쥐가 어딘가로 이동하거나 먹이가 사라지는 모습을 관찰할 뿐입니다. '우리가 이런 말을 했다는 걸 10년 후에도 기억하고 있을까' 하는 논점과는 이질적이긴 할 겁니다.

과학적으로 다 풀리지 않은 마취의 원리

다키구치   신쿠라 교수님께서는 뇌나 기억에 관하여 질문이 있으신가요?

신쿠라   네. 옛날에 마취과 의사였을 때의 일인데, 지금은 사용하지 않는 마취약으로 마취했더니 몇몇 환자가 "위에서 알록달록한 것이 타닥 하고 떨어진다"라고 말한 적이 있어요. 다른 약으로 마취했을 때는 "갑자기 어두컴컴해지네"라고 했고요. 그리고 '역행성 건망증'이라고 해서 나쁜 일이나 아픈 일을 당했을 때 걸리는 병이 있는데요, 디아제팜 약물을 먹으면 그 이전의 기억이 사라져요. 약리 작용이 밝혀진 약이니 뇌 과학으로 부분적인 기억이 사라진 이유를 알 수 있지 않을까 싶은데

	그런 연구가 진행되고 있을까요?
도미타	사람과 실험 동물 간 차이가 큰 것 같습니다. 애초에 왜 마취가 효과적인지 밝혀지지 않았고요.
다키구치	그렇군요.
도미타	신경계 도파민*, 글루탐산** 등 몇 가지 후보는 고려할 수 있지만 아직 명확히 밝혀지지 않은 것 같아요. 많은 사람과의 협력으로 연구는 어느 정도 진행되고 있지만 마음에 나타나는 정경까지 포함한 연구는 본 적이 없어요. 심리학 연구와 조합해보면 흥미로울 듯합니다.
다키구치	저도 과거에 마취를 받았을 때 초등학생 때 있던 집 전화기의 연결음이 머릿속에서 계속 흘렀어요. 기억이란 어떤 트리거(기폭제)로 꺼내지는 게 아닐까 싶습니다.
신쿠라	마취에는 그런 게 있다고 생각해요. 마취로 잠들기 전 통증이 있는 상태에서 주사를 놓으면 환자가 깨어났을 때 그 기억이 나지 않는 약도 있다고 합니다. 기억이 어느 세포에 어떤 신호로 들어가는지, 어디에 기억이 남아 있는지 아직 과학적으로 알려진 바가 거의 없어요.

---

* 신경 전달 물질 중 하나로 쾌락과 행복감을 얻는 뇌 보수계를 활성화한다. 또한 운동, 호르몬 조절, 감정과도 깊이 연관된 것으로 알려졌다. 도파민이 감소하여 발병하는 질병으로 파킨슨병 등이 있다.

** 단백질을 구성하는 아미노산의 일종으로 대부분 근육에 존재하며 에너지원으로 쓰이거나 근육을 만드는 재료가 된다. 또한 간 기능을 향상하고 위장 기능을 돕는 역할도 한다.

가토   그럼 혹시 수면유도제*의 원리도 밝혀지지 않았나요?

도미타   수면유도제의 메커니즘은 밝혀졌어요. 예를 들어 멜라토닌**이 수면 리듬을 조절하며, 부족해지면 뇌 기능을 저하시킨다는 식으로요.

신쿠라   의식과 관련된 문제인데요. 마취를 하면 왜 의식이 사라지는지도 밝혀지지 않았어요. 마취약은 의식만 사라지게 하는 거라서 마취 중에 고통을 가하면 몸은 아플 때의 반응이 나타납니다.

가토   그토록 많은 사람이 연구하는데도 인간의 메커니즘 중엔 밝혀지지 않은 게 훨씬 많네요.

다키구치   반대로 말하면 아직 다양한 개척지가 세상에 존재하는 셈이니 설렘도 있지요.

IgA 항체로 코로나19도
극복할 수 있다?

다키구치   이번에는 신쿠라 교수님의 주제 'IgA 항체로 신종 코로나

---

*   현재 사용되는 주요 수면유도제는 뇌 기능을 저하시킨다고 하나, 최근에는 자연스러운 졸음을 강화하는 수면유도제도 쓰이고 있다. 뇌 기능을 저하시키는 수면유도제는 작용 시간, 강도를 계산할 수 있다.

**   뇌 송과체에서 분비되는 호르몬으로 수면 작용이 있다. 밝은 빛을 쐬면 멜라토닌 분비가 억제되기 때문에 낮 시간 분비량은 적으나 밤에는 낮보다 분비량이 10배 이상 많다고 한다. 해외에서는 수면약으로 멜라토닌이 판매되고 있다.

바이러스도 극복할 수 있다?'입니다.

신쿠라 아까 IgA 항체는 장에서 만들어진다고 했는데 장뿐만 아니라 입속이나 콧속 또는 기관이나 기관지에서도 만들어집니다. 요컨대 전신의 표면을 덮고 있는 피부 외의 점막에 IgA 항체가 생성되어 활동하고 있어요.
신종 코로나 바이러스 백신은 주사로 투여하는데요, 몸속에 들어온 바이러스에 대항하기 위한 백신입니다. 그런데 점막의 IgA 항체 분비를 증가시키거나 신종 코로나 바이러스에 강력하게 작용하는 IgA 항체를 다량 생성하는 점막 백신이 만들어진다면 애초에 바이러스가 몸속으로 들어오지 않겠지요. 외부에서 물리쳐주니까요.

가토 외부에서 물리친다는 건 구체적으로 어떤 의미인가요?

신쿠라 바이러스는 공기 중에 그냥 떠다니면 오래 생존하지 못합니다. 인간의 세포 수용체와 결합하여 세포 속에 들어가야 비로소 증식할 수 있어요. 그리고 점점 증식하며 다른 세포에 복제되는 게 바로 감염입니다. 바이러스가 처음 침투하는 곳이 점막입니다. 바이러스가 점막으로 들어갈 때 방어막 역할을 하는 점막 항체가 만들어지죠.

가토 점막은 구체적으로 어느 부분을 가리키나요?

신쿠라 입, 소화관 등 피부와 달리 붉은색을 띠는 부분은 전부 점막이에요. 피부는 외표면을 덮고 있는 것이고요.

바이러스가 피부로 쉽게 들어가지 못하는 이유는 세포가 여러 겹으로 이루어졌기 때문입니다. 그래서 피부를 통해서는 몸속으로 거의 침입하지 못하지만 점막은 한 층의 세포로만 이루어져 있어서 병원균과 바이러스가 침입하기 쉽습니다. 입, 결막, 호흡기, 비뇨기, 생식기 같은 점막으로 병원균과 바이러스가 침입하는 것이죠. 반대로 말하면 이런 한 층의 구조여야 소화 흡수가 쉽겠죠. 이를 보호하고 있는 주된 항체가 IgA이고요.

다키구치 기존 백신은 이미 몸 안에 침입한 바이러스를 물리치는 것이군요. 점막 백신은 몸속에 침입하기 전에 물리칠 수 있다는 말씀인가요?

신쿠라 그렇습니다. 하지만 지금으로선 점막 백신을 유효화할 방법을 찾기 어려워요. 그도 그럴 게 섭취물에 면역이 일일이 반응하면 큰일이니까요. 매일 배가 아프겠죠. 그래서 점막 면역은 모든 것에 반응하지 않도록 제어되고 있어요. 그게 바로 몸속 전신 면역계와의 큰 차이입니다. 점막 면역은 음식물이나 병원균에는 반응하지만 상재균(생체 특정 부위에 정상적으로 존재하는 세균-역주)에 반응하지 않게 되어 있어요. 현실적으로 이런 면역계를 일부러 활성화하려면 많은 방법이 필요합니다.

가토 특정 바이러스만 물리치기가 어려운 모양이네요.

신쿠라	맞아요. 점막 면역계는 교과서에도 많이 나오지 않고 모두가 아는 상식도 아니었지만 최근 10년 사이에 매우 커지고 있는 분야입니다.
다키구치	최신 연구군요.
신쿠라	그리고 항원보강제(adjuvant)라는 화합물과 함께 주사를 맞으면 면역 반응이 올라가는 방법이 확립되었는데 이것도 점막과 관련해서는 아직 명확히 밝혀지지 않았어요. 팬데믹이 발생했을 때 일본 정부에서 자금을 지원하려는 움직임이 있었죠.
다키구치	자금이 붙었다는 건 점막 IgA 항체로 신종 코로나 바이러스도 물리칠 수 있다는 것이군요.
가토	먹는 약인가요?
신쿠라	먹거나 코에 뿌리거나 입에 머금는 방식이 있죠. 점막에 작용시키는 겁니다.
다키구치	IgA 항체 연구에 자금을 조달하기 어렵다는 이야기가 조금 전 나왔는데요, 팬데믹으로 커다란 변화가 있었나요?
신쿠라	지금은 신종 코로나 바이러스 연구에 자금이 가고 있어서 IgA 항체로는 자금이 그리 들어오지 않는 것 같습니다. 하지만 개인적으로 하고 싶은 연구라서 우선 가능한 것부터 진행하려고 합니다.

눈앞의 문제에만
투입되는 연구 예산

다키구치　고다 교수님과 도미타 교수님께서는 연구비 또는 세간의 흐름과 자신의 연구 내용을 어떻게 조율하시나요?

고다　국가 예산은 아무래도 눈앞에 있는 문제를 해결할 분야에 사용되기 마련이에요. 그러나 원래 연구는 몇십 년 단위로 생각해야 해요. 예를 들어 신종 코로나 바이러스 백신도 기존에 존재했던 전령 RNA(핵 안에 있는 DNA 유전 정보를 세포질 안의 리보솜에 전달하는 RNA의 하나로, mRNA로 표기함-역주) 기술을 이용해서 만들었어요. 신종 코로나 바이러스가 유행한 뒤에 바로 개발된 것이 아닙니다. 즉 눈앞의 문제 이외의 분야를 무시하면 연구자가 육성되지 않고 지식이 축적되지 않아요. 근시안적으로 보면 그런 불이익이 있죠.

가토　지금은 IT 테크놀로지 붐으로 개발 사이클이 단축되었어요. 2~3년 단위로 상황이 확확 바뀌는데, 그런 분야에 예산이 가기 쉽습니다. 그러나 과학 연구는 원래 10년 또는 100년 정도를 봐야 하는 분야예요. 여기에 국가 연구비를, 특히 기초 연구에 지원하면 좋겠지요. 고다 교수님께서는 미국에서도 연구 생활을 오래 하셨는데 일본 의학계 연구의 기반은 아무래도 근시안적이라고 느끼시나요?

고다 제가 봤을 때 일본은 기초 연구가 없는 나라라는 이미지가 있어요. 미국에 통째로 맡기고 있는 느낌이에요. 그도 그럴 것이 기초 연구는 언제 어디서 활용할 수 있을지 모릅니다. 신종 코로나 바이러스처럼 갑자기 활용될 수도 있고 몇십 년간 활용되지 않을 수도 있어요. 그게 어려운 점이죠. 하지만 그렇다고 해서 기초 연구를 안 할 수는 없습니다.

다키구치 도미타 교수님의 치매 분야는 어떤가요?

도미타 치매는 환자와 나란히 달려야 하기 때문에 아무래도 시간이 걸려요. 그래서 결과가 빨리 나오는, 단기 연구에만 연구비가 흘러가면 힘들겠죠. 또한 저는 질병을 연구하고 있지만 기초 연구에도 재밌는 게 많다고 생각해요. 예를 들어 게놈 편집 기술이나 시퀀서(단백질 서열 분석기-역주)도 질병과는 연관 없는 곳에서 나왔잖아요. 기초 연구에 젊은 연구자들이 흥미를 가지면 자동차 바퀴들처럼 조화롭게 굴러가 좋은 결과를 낳지 않을까 싶습니다.

다키구치 미국에서는 치매 연구에 일본보다 100배 정도 많은 예산이 들어가죠.

도미타 맞습니다. 로널드 레이건 전 대통령*이 치매를 앓고 있다고 발표한 것이 계기였어요. 그전까지 치매는 미국에서도

---

* 제40대 미국 대통령(1911~2004). 배우로 활동한 후에 캘리포니아 주지사를 거쳐 1981년 1월부터 1989년 1월까지 미국 대통령을 역임했음. 레이거노믹스로 미국 경제를 회복시켰고 외교에서는 동서 냉전 종식에 공헌했음. 1994년 알츠하이머병을 고백한 바 있음.

숨겨야 할 질병으로 여겼던 모양인데 레이건 전 대통령이 '황혼기로 여정을 시작한다'고 발표한 이후에 상황이 달라졌어요. 몇몇 유명인이 연달아 자신도 치매라고 고백하기도 했지요. 국가 전체적으로 치매에 대한 인식이 높아져 연구에 막대한 예산이 붙었습니다. 그래서 서구에서는 일본에 비해 치매 연구가 빨랐어요.

가토 일본에서는 영향력 있는 사람이 자신의 병을 고백하는 경우가 아직 드물지요.

도미타 그렇습니다. 치매 같은 질병을 대처할 때 '공생'이라는 사고방식이 있어요. 치매 환자나 간호인이 희망을 갖고 살아갈 수 있도록 한다는 의미예요(일본에서는 2023년 '공생사회 실현을 위한 치매 기본법'을 제정했으며 예방 위주 정책에서 벗어나 치매 환자와의 공생 및 예방을 치매 정책의 두 축으로 세웠다-역주). 지금은 완전한 치매 치료법이 없기 때문입니다. 그래서 병에 대한 대책을 강구해야 할 때 '지금은 힘들 수도 있지만 연구를 진행하다 보면 미래에는 치료법이 생길 수 있다'는 것을 이해시키는 것 말곤 할 수 있는 게 많지 않아요.
일본은 치매 환자가 아주 많은 편이기도 해서 공생이라는 방향으로 전환하고 있어요. 한편 미국은 국가적으로 공생이라는 방향성과 더불어 '치매를 극복하자'는 식의 캠페인도 실시하고 있습니다. 우리도 그렇게 하면 좋겠네요.

스타 연구자를 배출하려면
어떻게 해야 할까?

다키구치 이번 주제는 '스타 연구자를 배출하려면 어떻게 해야 할까?'입니다. 사전 인터뷰에서 신쿠라 교수님과 도미타 교수님 두 분이 이야기하셨는데요. 우선 도미타 교수님, 어떻게 하면 스타 연구자가 나올까요?

도미타 한 분야에 뛰어난 사람은 많지만 저변을 넓히지 않으면 스타 연구자가 나오기 힘들어요. 예를 들어 처음부터 야구만 해서 일류 야구선수가 된 사람은 적어요. 그보다 다양한 스포츠를 해보다가 결국 야구를 좋아한다는 걸 깨닫고 야구를 선택해서 일류가 된 사람이 더 많지요. 과학도 이와 마찬가지인데 예를 들어 공학, 자연과학, 의학 등 다양한 분야를 접하다가 가장 흥미를 느끼는 분야를 발견하고 그 분야에서 뛰어난 활약을 펼치는 경우가 있어요. 결국은 연구자 저변을 넓히는 게 중요하지 않나 싶습니다.

사실 저는 처음에 문과였어요. 수학과 물리학을 아주 못했고 문과 과목이 재밌어서 문과 공부를 계속하다가 이과로 왔지요. 그런데 그 문과 공부가 지금 아주 도움이 돼요. 특정 분야뿐 아니라 다양한 분야를 경험하면 스타 연구자가 될 만한 사람이 나오지 않을까요?

다키구치 분야 횡단이 중요하다는 말씀인가요?

도미타 분야 횡단까지는 의식하지 않아도 됩니다. 일본은 과학에 대한 리터러시(읽고 쓰는 능력-역주)가 조금 낮은 것 같아요. 과학에 대해 잠시 말하자면, 이 세상에는 기초 연구를 하는 사람들이 존재하고 그들이 발견한 것으로 여러 문명을 이루고 있어요. 이에 대한 고마운 마음이 일본인에게는 부족하다는 생각이 듭니다. 아마 교육 문제일 수도 있지만 우리 연구자들의 자세에도 문제가 있겠지요. 연구자들은 자기 연구에만 시간을 써요. 하지만 자신의 연구를 대중에게 알기 쉽게 널리 알리는 노력도 필요합니다. 미국 유학 당시 감명받은 적이 있는데, 미국 연구자들은 대중에게 알기 쉽게 전달하려고 열심히 노력하더라고요. 미디어뿐 아니라 여러 곳에서 과학의 중요성을 전하는 게 결국은 연구비 마련이나 스타 연구자 배출로 이어질 수도 있겠죠. 꾸준한 노력이 필요합니다.

가토 스타 연구자를 배출하는 방법에 관한 연구도 있지요. '이 사람은 저 사람과 친구다' 같은 식으로 관계성 그래프를 만들면 어떤 사람이 스타 연구자가 될지 추적할 수 있다는 내용이었어요.

고다 그런 연구도 있군요. 잠시 화제를 돌려보면 일본 대학의 연구실 예산은 최대 연간 수억 엔(약 수십억 원) 정도예요. 그 이상은 못 늘리는데, 일본 정부는 예산 집중을 피하고 싶어 하거든요. 물론 세금을 기반으로 하는 만큼 연구 분야는 되도록 분산시키는 게 당연하지만요.

일본과 달리 미국에서는 민간 기업이 스타 연구자에게 돈을 지원합니다. 그리고 투자자가 많이 붙으면 10억 엔(약 100억 원), 100억 엔(약 1,000억 원)이라는 자금이 모이지요. 예를 들어 모더나의 신약이 MIT의 한 연구실에서 탄생한 것처럼요. 일본은 그렇게 하지 못하고 있어요.

도미타 과학의 가능성을 믿는 게 중요해요. 투자란 실패하기도 하지만 아주 드물게 잘되기도 하는데 그게 막대한 이익을 낳아요. 과학 분야에서도 넓고 얇게가 아니라 어느 정도 선별하여 집중적으로 연구하면 잘 풀리는 경우가 많겠지요. 원래 과학은 유럽 귀족의 취미였어요. 과학자라는 직업이 있었기에 무언가 발명된 게 아니라 예술가에게 후원하듯 과학자가 새로운 것을 만들어내는 걸 흥미로워하며 후원하는 후원자가 있었죠. 그런 의미에서 '과학자가 만들어내는 새로운 무언가가 세상을 바꾼다'는 점에 대한 일본인의 신뢰도가 낮다고 볼 수 있습니다.

고다 과학이 문화로 정착했는지 아닌지에 따라 다르겠죠.

과학에 대한 신뢰가
향상되려면

신쿠라 정말 공감해요. 사람들이 과학을 더 신뢰했으면
좋겠어요. 한 조사 통계에서 "여러 정보 중에 무엇을
신뢰하는가?"라는 질문에 서구에서는 '과학자의
의견'이라고 대답한 사람이 가장 많았어요. 그러나 일본인의
대답 중 가장 많았던 건 '매스 미디어 정보'였습니다.
한 TV 방송에서 출연자가 신종 코로나 바이러스 백신에
대해 이야기를 했는데 면역학자 입장에서는 조금 아니다
싶은 걸 당당하게 말하더라고요. 과학자의 의견을 제대로
전해주었으면 했습니다.

그리고 일본의 또 다른 문제점은 성급하게 누군가를
나쁜 사람으로 몰아간다는 거예요. 과학자는 누군가를
속이기 위해 연구하지 않습니다. 가능성을 추구하는 것이
과학입니다. 그 당시에 옳다고 생각하는 걸 발표하면 다른
연구자가 검증하여 '그게 아니라 이거다'라고 반박하면서
앞을 향해 나아가는 게 과학이에요.

그런데 일본에서는 '반향이 너무 커서 입밖으로 꺼낼 수
없다', '내 입장에서는 말 못한다'며 많은 연구자가 입을
닫곤 합니다. 원래는 '이럴 가능성도 있다', '아니, 저럴

가능성도 있다'는 식으로 더욱 논의를 주고받아야 해요. 그게 선진국인 것 같은데, 그런 의미에서 일본은 아직 개도국이라고 생각합니다. 그리고 스타 연구자 배출 이야기로 돌아가면, 타인과 다른 의견을 곧바로 억누르려는 환경에서는 스타 연구자가 배출되기 어려워요.

가토 일본 과학을 발전시키려면 과학자뿐만 아니라 교육, 투자자, 매스 미디어, 저널리스트 등의 수준도 올라가야겠군요.

신쿠라 그런 것 같아요.

다키구치 본디 넓은 분야의 다양한 전문가가 모여 토론해야 하죠.

신쿠라 맞습니다. 과학 발전뿐만 아니라 윤리적 사고를 연마하는 의미에서도 토론이 중요해요. 아이들과 미국에서 살 때의 일인데요, 미국에서는 초등학생에게도 제대로 된 토론을 시킵니다. 그리고 윤리적 사고를 구성할 수 있게 매주 작문을 시키죠. 현재 일본에서는 작문을 별로 안 시키는 모양이에요. 초등학교 간담회에서 '왜 작문을 안 시키냐'고 선생님께 여쭈었더니 바빠서 읽을 틈이 없다고 하시더라고요.

다키구치 교육 현장에서는 선생님들의 과중한 업무 부담 문제가 있지요.

고다 저도 미국에 15년 정도 살면서 알게 되었는데요, 미국은 기본적으로 커맨더 교육이고 일본은 솔저 교육(62쪽 참고)

이에요. 이전에도 이야기했지만 조직은 기본적으로 소수의 커맨더(사령관)와 다수의 솔저(병사)로 구성됩니다. 미국은 이민자가 유입되기 때문에 솔저가 상존하는 상태예요. 그래서 커맨더를 육성할 필요가 있죠. 한편 일본은 이민자가 별로 유입되지 않기 때문에 지금 있는 국민으로 솔저를 만들어야 해요. 구성 수를 생각하면 솔저가 더 많이 필요합니다. 그래서 일본 교육은 솔저 교육에 치우쳐 있어요.

참고로 싱가포르도 커맨더 교육을 합니다. 싱가포르는 말레이시아와 인도네시아 이민자가 유입되거든요. 최근 싱가포르 교육이 좋다고 들은 적 있는데 그건 커맨더 교육이 좋다고 말하는 겁니다. 일본 교육을 보면 커맨더를 육성하고 싶은지, 솔저를 육성하고 싶은지 모르겠어요. 일본 대학입시 개혁을 보면 알 수 있듯 커맨더 교육과 솔저 교육이 마구 섞여 있습니다.

다키구치 기본적으로는 커맨더 교육으로 전환해야 한다는 거군요.

고다 그렇습니다. 수적으로는 아직 솔저가 많이 필요하지만 10년 정도 지나면 커맨더가 더 필요해질 겁니다.

다키구치 향후에는 AI나 로봇이 솔저를 대체하는 시대가 도래할 테니 미래에는 커맨더 교육으로 이행해야 한다는 것이군요.

고다 장차 그렇게 되겠죠.

도쿄대학교의 장점은
교양학부에 있다

가토 일본 교육의 수준 자체는 높아요. 격차도 그다지 없고요. 도쿄대학교에서는 전기 과정(1~2학년)을 이과 1류, 이과 2류, 이과 3류로 나누고 후기 과정(3~4학년)에서는 각각의 학부에 들어가도록 했어요. 그리고 문과로 바꿀 수도 있고, 제 연구 분야인 컴퓨터 공학 또는 의학계나 약학계로도 갈 수 있고요. 잠재성이 엄청난 학생이 많은 것 같아요. 교수님들 연구실에는 어떤 학생이 많나요?

도미타 약학부는 이과 2류에서 오는 경우가 대부분이에요. 타 학부에 비해 약학부는 조금 특수한데, 약제사 국가 시험을 위한 교육도 포함되어 있어서 생물학과 과학뿐만 아니라 물리학, 수학 등도 공부해야 하기 때문입니다. 그래서 폭넓은 분야에 관심 있는 사람이 비교적 많아요.

고다 저는 도쿄대에 교양학부가 있는 게 매우 긍정적이라고 생각해요. 입학 후 2년간 교양을 공부하고 3학년부터 약학부, 이학부, 공학부라는 전문 분야 학부로 나뉩니다. 일본 구 제국대학(홋카이도대학교, 도호쿠대학교, 도쿄대학교, 나고야대학교, 교토대학교, 오사카대학교, 규슈대학교)에서 지금의 국립대학으로 개편되었을 때 교양학부를 폐지하지 않은 학교는 도쿄대뿐이었습니다. 제가 아까 말한 커맨더 교육과 가장 합치하는 게 바로 교양학부지요.

미국에서는 리버럴 아츠 칼리지(일반 교양 과정이 중심인 대학) 출신 중에 폭넓은 지식을 지닌 사람이 많다고 해요. 리버럴 아츠 칼리지는 수준이 매우 높아서 거기서 MIT, 하버드대학교로 가는 사람이 상당 비율 존재합니다.

가토 1~2학년 때 전반적인 교육을 받고 3~4학년 때 전문성을 파고든다, 이런 도쿄대 시스템 자체는 좋다는 말씀이네요.

고다 맞습니다. 커맨더를 육성하기 좋은 시스템이라고 생각해요.

다키구치 그렇군요.. 한창 대화가 무르익고 있는데, 벌써 마무리할 시간이 되었습니다. 오늘 대담에 대한 소감을 듣고 싶은데 우선 신쿠라 교수님부터 말씀해주세요.

신쿠라 매우 즐거운 시간이었어요. 마지막에 조금 덧붙이자면 사실 저는 도쿄대를 아직 잘 몰라요. 저는 교토대를 졸업했고 지금도 대체로 대학원생들 하고만 접점이 있거든요. 대학원생들은 외부 대학에서 온 사람이 많으니까요. 그래서 도쿄대 학생들을 만나는 건 약학 강의뿐이에요. 하지만 도쿄대와 교토대의 가장 큰 차이라고 느낀 점은 도쿄대 학생들은 성실하고 바르다는 것이었습니다. 반면 교토대에는, 특히 제 학창 시절에는 '이상한 사람이 최고'라는 풍조가 있었어요. 남들과 다른 의견이 존중받는 문화였던 것 같아요. 그래서 도쿄대도 그런 사람이 많이 나타나서 새로운 무언가를 시작해주었으면 합니다.

도미타 저는 1년 반 동안 미국에서 유학했을 뿐이고 나머지는 도쿄대에 있었는데 이런 헤어스타일(포니테일)을 한 시점에서 도쿄대에서는 이미 이상한 부류에 속했겠네요. 잠시 딴 이야기를 하자면 사실 저는 미국에 가기 전부터 이런 머리 모양이었는데 미국에 도착한 첫날 머물렀던 호텔의 직원에게 '네 포니테일 멋있다'라는 이야기를 들었어요. 이전에는 일본에서 의료계 학회에 가면 '머리 잘라라', '꼴이 뭐냐' 하고 야단맞기만 했어요. 그땐 저도 젊은 나이라 그랬는지 "기르고 싶어서 그러는데요" 하고 반항했는데 미국에 가니 정반대로 반응하면서 제 헤어스타일을 좋게 받아들이더라고요. 그게 충격이었죠. 이번에 교수님들께 그때의 경험만큼 충격적인 이야기를 들을 수 있어서 아주 즐거웠습니다.

고다 저도 미국 캘리포니아대학교 버클리 캠퍼스와 MIT 출신이라서 신쿠라 교수님처럼 도쿄대를 아직 잘 몰라요. (웃음) 이번 대담에서 많은 걸 배웠어요. 감사합니다.

다키구치 이번 대담을 통해 '과학은 모르는 게 많은 가운데에서도 한 걸음 한 걸음 전진하고 있다'는 걸 깨닫게 되어 좋았습니다.

가토 좋은 연구를 하는 교수님도 많이 있으니 앞으로도 대중에 알기 쉽게 과학을 전하고 싶습니다.
다키구치 대담에 참여해주셔서 감사합니다.

대담을 마치며

과학자는 시대의 최첨단에 자리한, 인류를 대표하는 앎의 개척자라고 할 수 있습니다. 그러나 이런 과학자들이 존중받지 못한다고 느낄 때가 있습니다. 신쿠라 교수님께서 말씀하신 것처럼 과학자가 실수하면 곧바로 세간의 비난을 받는 풍조는 건전한 과학 논의와 진보를 저해할 위험이 있습니다.

"거인의 어깨에 올라서라"라는 말이 있습니다. 옛 과학자들, 즉 지식 거인의 어깨에 올라타 그들의 발견을 기반으로 새로운 과학의 경지에 오르라는 뜻이겠지요. 과거에 아인슈타인의 일반 상대성 이론이 뉴턴의 만유인력의 법칙을 수정했지만 여전히 아인슈타인은 뉴턴에게 큰 존경심을 보였습니다. 뉴턴이라는 지식 거인의 어깨에 올라타, 그의 업적을 수정하는 새로운 이론을 아인슈타인이 구축한 것입니다.

이처럼 인류는 지식의 배턴을 이어왔습니다. 이제까지 옳다고 생각했던 이론이 새로운 발견으로 수정되었다고 해서 앞선 이들의 명예가 더러워지지 않습니다. 이전에 노벨 생리의학상 수상자인 야마나카 신야 교수님을 취재했을 때 '100%의 진실에는 닿지 못한다'는 취지의 말씀을 들었습니다. 이번 대담을 통해 100%에 한없이 가까운 진실을 목표로, 닿지 않을 거라는 두려움과 마주하며 계속 도전하는 앎의 개척자에게 적절한 신뢰와 존중을 보내야 한다는 사실을 새삼 깨달았습니다.

다키구치 유리나

마무리하며

2021년 1월 클럽하우스(음성 소셜 미디어 어플리케이션으로 팟캐스트와 비슷함-역주)라는 소셜 미디어가 등장했습니다. 그리고 가토 신페이 교수님의 아이디어로 '도쿄대학교의 미래를 고찰해보자'며 도쿄대 교수님 몇 분과 모여 대담을 진행했습니다. 청중도 200명 넘게 참석하여 성황리에 끝났죠.

"코로나가 진정되면 모여서 재밌는 일을 해보고 싶다." 팬데믹 때 한 약속을 계기로 이 콘텐츠를 시작하게 되었습니다. 제가 콘텐츠 기획 프로듀서, 디렉터, 사회를 담당했는데 색다른 형식으로 대학 교육에 흥미가 없던 시민에게도 정보를 폭넓게 전하고 싶다는 생각에 회의를 거듭했습니다. 그때 상이한 분야의 교수님들이 모일 기회가 별로 없다는 걸 알게 되었습니다. 그래서 교수님들이 즐겁고 생생하게 이야기를 나누는 모습을 전달하면 대학의 매력을 가장 잘 보여줄 수 있지 않을까 싶었습니다.

이 대담을 통해 교수님들의 미래 비전과 상상력이 재밌었던 건 물론이고, '앎'을 직업으로 선택한 사람들이 서로 존중하며 각자의 자리에서 열심히 갈고닦은 지식을 연결하는 데서 귀한 유대감을 느꼈습니다. 대학이란 '앎'으로 연결되는 유대감을 만들어나가는 장소라는 생각도 들었습니다.

팬데믹 때 유대감의 가치가 재평가되었습니다. 저와 같은 저널리스트이자 사회자는 정보를 통해 고리를 잇고 이를 심화·확대해나갑니다. 유대라고 하면 우정, 애정과 같은 감정이 가장 먼저 머릿속에 떠오르는데 어느 날 TV에서 사회자 타모리 씨가 '친구 따위는 필요 없다'고 말하더라고요. 진의는 모르겠지만 저는 우정, 애정이라는 틀에 속박되지 않는 게 행복의 열쇠라고 생각합니다. 나중에 돌이켜봤을 때 어떤 이름을 붙일 수 있을 정도의 우정과 애정이면 충분하지 않을까요?

그리고 설령 우정과 애정 때문에 좌절하더라도 앎의 인연으로 연결되면 인생이 풍족해지기도 합니다. 인연의 형태는 다양하고, 대학은 누구에게나 그런 풍족함을 주는 장소입니다. 제가 전하려 했던 건 이런 풍족함이 아니었나 싶습니다. 아무튼 이러한 연유로 도쿄대학교 공식 유튜브 채널에 '지식 거인들의 잡담'이 탄생했습니다. 그리고 편집된 장면을 포함하여 완전판을 서적으로 만들었습니다.

마지막으로 이 자리를 빌려 감사 인사를 전하고자 합니다. 가토 신페이 교수님, 취지에 공감하여 출연해주시고 바쁜 와중에 이 책의 제작을 도와주신 다른 교수님들, 정보로 이노베이션을 가속한다는 글로브에이트의 비전에 공감하여 참여해주신 분들, 소속사 센트포스를 비롯해 이제까지 저를 응원해주며 함께 일해주신 분들. 뭐든 실천하는 게 최고라고 생각할 수 있었던 건 여러분과의 만남 덕분입니다. 진심으로 감사합니다. 그리고 항상 지지해준 가족에게도 고마움을 전합니다.

이번 대담처럼 미래 비전을 함께 논의하는 자리를 만들고 그 정보를 다 같이 공유하는 것이 아주 중요합니다. 현 상황에 새로운 바람을 불어넣을 수 있는 건 개개인의 힘입니다. 생각의 원천이 되는 적절한 정보가 한 사람 한 사람에게 치우침 없이 전달되면 국가 전체가 역동적으로 발전하는 계기가 되지 않을까 싶습니다.

앞으로 앎의 고리가 더욱 넓어지고 여러분도 그 고리 안으로 들어가길 바라겠습니다. 책 제목을 해시태그로 달아 소셜 미디어에 감상을 남겨주세요. 이 책을 읽어주셔서 정말 감사합니다.

다키구치 유리나

편저 다키구치 유리나(瀧口友里奈)

1987년 일본 가나가와현 출생. 도쿄대학교 문학부 사회학과를 졸업하고 현재 도쿄대학교 공공정책대학원 석사 과정에 재학 중이다. 또한 SBI신세이은행 사외 이사를 맡고 있다. 대학 재학 중 일본 연예 기획사 센트 포스에 소속되어 〈100분으로 명저 읽기〉(NHK교육텔레비전), 〈뉴스 모닝 새틀라이트〉(TV도쿄), 〈CNN새 터데이나이트〉, 경제 전문 채널 닛케이CNBC 등에서 사회자를 맡았다. '대체로 무거운 주제를 진행하는 사회자'로 알려지며 경제계 행사에서 진행자를 맡기도 했다. 또한 미국·유럽·일본 삼극위원회의 일본 대표를 맡았으며 2021년 도쿄대학교 공학부 자문 위원회에 취임했다. 산학 연계를 비롯한 사회적으로 개방된 대학 문화에 공헌하는 것이 목표이며 2022년에 이 책의 바탕이 된 유튜브 방송 〈도쿄대 × 지식 거인들의 잡담〉의 기획·제작을 맡았다.

과학 내비게이터

초판 발행일 2025년 5월 10일

편저 다키구치 유리나
역자 서지원

펴낸이 서지원
펴낸곳 모노하우스
출판등록 제 2022-000282호 (2022년 10월 31일)
주소 서울시 마포구 신촌로 2길 19 마포출판문화진흥센터
전자우편 monohouse.editor@gmail.com

편집 고은희
디자인 MALLYBOOK 최윤선, 오미인, 조여름

© 2023 Yurina Takiguchi

ISBN 979-11-982723-5-5

· 잘못된 책은 구입하신 서점에서 교환해드립니다.
· 이 책 내용의 전부 또는 일부를 재사용하려면 반드시 저작권자와 출판사 양측의 동의를 받아야 합니다.